U0312386

资源与环境研究专题系列之七

城市雨水利用技术开发及推广应用研究

乔翠平　孙绪金　孙万里　韩　娟　荆燕燕　著

内 容 提 要

本书是在介绍和分析全球水资源及国内外雨水利用概况的基础上，运用多个典型实例和系统分析观点，从理论、技术、规划、管理和方法等方面，全面深入地研究和解决了城市雨水资源的开发利用问题。全书共分八章，主要内容包括：城市雨水利用技术模式、城市雨水利用规划、郑州市雨水利用规划、雨水利用评价指标体系的建立、雨水综合利用示范工程、城市雨水资源利用管理条例建议等。本书最后给出了明确的结论和建议，可为相关高等院校、科研设计单位以及工程技术人员提供理论和技术支持。

图书在版编目（CIP）数据

城市雨水利用技术开发及推广应用研究 / 乔翠平等著. -- 北京 : 中国水利水电出版社, 2015.7（2022.9重印）
（资源与环境研究专题系列 ; 7）
ISBN 978-7-5170-3353-0

Ⅰ. ①城… Ⅱ. ①乔… Ⅲ. ①城市－雨水资源－资源开发②城市－雨水资源－资源利用 Ⅳ. ①TV21

中国版本图书馆CIP数据核字(2015)第156001号

策划编辑：向 辉 责任编辑：李 炎 加工编辑：张 蕾 封面设计：李 佳

书 名	资源与环境研究专题系列之七 城市雨水利用技术开发及推广应用研究
作 者	乔翠平 孙绪金 孙万里 韩 娟 荆燕燕 著
出版发行	中国水利水电出版社 （北京市海淀区玉渊潭南路 1 号 D 座 100038） 网址：www.waterpub.com.cn E-mail：mchannel@263.net（万水） sales@mwr.gov.cn 电话：(010)68545888(营销中心）、82562819（万水）
经 售	北京科水图书销售有限公司 电话：(010)63202643、68545874 全国各地新华书店和相关出版物销售网点
排 版	北京万水电子信息有限公司
印 刷	天津光之彩印刷有限公司
规 格	170mm×240mm 16 开本 10.5 印张 278 千字
版 次	2015年8月第1版 2022年9月第2次印刷
定 价	38.00 元

前　言

人们在20世纪就已经预测到，全球将面临水资源短缺、水质恶化和水污染的严峻形势，到2025年，大约世界人口的三分之二将面临严重的水危机。

雨水资源是地球上一切可更新水资源的源泉，其总量达510万亿m^3，中国降雨总量为5万亿m^3，雨水资源的开发、收集、利用不仅对解决目前水资源短缺问题具有战略意义，也将成为21世纪干旱、半干旱地区水利深度发展的重要对象。合理地开发、科学地利用雨水资源将是解决21世纪水问题的重要途径。

随着经济社会的快速发展，城市化进程的不断加快，城市居民的生活水平不断提高，城市所需的水资源量也在成倍增长，同时面临雨水径流污染、洪涝灾害、水资源匮乏等日益严重的突出问题。为从源头缓解城市内涝、削减城市径流污染负荷、节约水资源、保护和改善城市生态与环境，从而解决水资源紧缺问题，我国政府各级水行政主管部门强调要建立节水型城市和节水型社会。近年来人们提出了建设“海绵城市”的新理念，提倡构建“低影响开发”（Low Impact Development，LID）雨水系统。所谓“海绵城市”是指城市能够像海绵一样，在适应环境变化和应对自然灾害等方面具有良好的“弹性”，降雨时能够吸水、蓄水、渗水、净水，需要水时将蓄存的雨水“释放”并加以利用。“海绵城市”强调以慢排缓释和源头分散式控制为主要规划设计理念，为新型城镇化建设提供重要保障。

如何进行雨水收集、输送、储存、加工和应用，从技术层面讲，它是一项开发利用雨水资源的系统工程，该系统工程包含了缓解城市水资源的日益紧缺、降低城市排水和污水处理负荷、减少城市河流污染、消除城市洪灾、改善城市生态环境、建设节水型城市等诸多问题。因此，必须认真研究解决。本书则是在介绍和分析全球水资源及国内外雨水利用概况的基础上，运用多个典型实例和系统分析观点，从理论、技术、规划、管理和方法等方面，全面深入地研究和解决了城市雨水资源的开发利用问题。主要内容包括：城市雨水利用技术模式；城市雨水利用规划；郑州市雨水利用规划；雨水利用评价指标体系的建立；雨水综合利用示范工程；城市雨水资源利用管理条例建议；本书最后给出了明确的结论和建议。全书28万字，共八章，由华北水利水电大学的乔翠平负责组稿、统稿和校核。第一、二、三、八章由华北水利水电大学的乔翠平撰写；第四章由黄河勘测规划设计有限公司的孙万里撰写；第六章由河南水利与环境职业学院的荆燕燕撰写；第五、七章由郑州科技学院的韩娟撰写；本书最后由华北水利水电大学的孙绪金教授统稿，并对其中的关键技术进行了校核和修整。

城市雨水资源开发利用技术及推广应用，是在全球自然资源匮乏的情况下出现的新的研究领域，也是本课题研究组所进行的《资源与环境研究专题系列》研究内容之一。本书可为相关高等院校、科研设计单位以及工程技术人员提供理论和技术支持。本书在撰写过程中得到不少专业同志的指导和帮助，在此表示深深的谢意，书中的内容可能还有不足之处或误漏，敬请读者批评指正。

作 者

2015 年 5 月

目　录

第一章　全球水资源及国内外雨水利用概况

1.1　全球水资源形势

地球表面的70%被水覆盖，但淡水资源仅占所有水资源的2.5%，而在这极少的淡水资源中，又有70%以上被冻结在南极和北极的冰盖中，加上难以利用的高山冰川和永冻积雪，有87%的淡水资源难以被利用。人类真正能够利用的淡水资源是江河湖泊和地下水中的一部分，约占地球总水量的0.026%，被人们直接用于生产和生活的水更少得可怜。全球淡水资源不仅短缺，而且地区分布极不平衡。按地区分布，巴西、俄罗斯、加拿大、中国、美国、印度尼西亚、印度、哥伦比亚和刚果9个国家的淡水资源占了世界淡水资源的60%，而约占世界人口总数40%的80个国家和地区则严重缺水。目前，全球80多个国家的约15亿人口面临淡水不足的问题，其中30个国家的3亿人口完全生活在缺水状态。预计到2025年，全球将有40多个国家、30～35亿人口缺水。21世纪水资源正在变成关系到国家经济、社会可持续发展和长治久安的重大战略问题。

中国水资源总量为2.81万亿m^3。其中地表水2.7万亿m^3，由于地表水与地下水的相互转换、互为补给，扣除两者的重复计算量0.71万亿m^3，与河川径流不重复的地下水资源量约为0.1万亿m^3。按照国际公认的标准，人均水资源低于3000m^3为轻度缺水；人均水资源低于2000m^3为中度缺水；人均水资源低于1000m^3为重度缺水；人均水资源低于500m^3为极度缺水。中国目前有16个省（区、市）人均水资源量（不包括过境水）低于重度缺水线，有6个省（区、市）的人均水资源量低于500m^3。

我国水资源的主要特点是：总量不丰富，人均占有量更低。中国水资源总量居世界第四位，人均占有量为2240m^3，约为世界人均的1/4，在世界银行统计的200多个国家和地区中居第101位。

随着人口膨胀与工农业生产规模的迅速扩大，全球淡水用量飞快增长。从1900年开始至20世纪末，世界农业用水量增加了10倍，工业用水量增加了20倍，水的供需矛盾日益突出。据统计，全世界有1/3的难民是由干旱造成的。

在水资源短缺越发突出的同时，人们还在大规模污染水源，导致水质恶化。

水资源污染主要来自人类制造排放的所有废水、废气和废渣。

长期以来，人们没有把治理污水放在重要的位置上，而是放任污水横流。全世界目前每年排放污水量约为4280亿m^3，造成55000亿m^3的水体受到污染，约占全球径流量的14%以上。联合国调查统计，全球河流稳定流量的40%左右已被污染。我国的河流湖泊污染更为严重，凡是过市河流均被严重污染，几条主要大江大河的水质污染指数都在3～4级，有的河段已经在5级以上。在全国七大流域中，太湖、淮河、黄河水质最差，约有70%以上的河段受到污染；海河、松辽流域污染也相当严重，污染河段占60%以上。从全国情况看，污染从支流向干流延伸、从城市向农村蔓延、从地表向地下渗透、从区域向流域扩展的趋势越来越明显。

随着世界经济的迅速发展和人口的快速增长、工农业生产和生活用水需求的不断升级，人们面临水资源短缺、水体恶化和环境污染愈来愈严重的威胁。水危机已经成为全球化的热点问题。我国处在经济建设的高速发展时期，不能幸免地面临此问题。为此，水利部当下提出了“水资源开发总量控制、用水指标控制和水污染控制”三条决定性的控制红线。河南省提出了“留住天上水、蓄用地表水、多用黄河水、保护地下水、用好再生水”的战略目标，前两句话都直指对雨水的开发利用，可见对雨水的重视。许多国家也在认真研究本国的水问题，加紧制定和实施节水战略，不断寻求新的水源，强化水资源和水环境的管理与保护，雨水利用更是发达国家十分重视的节水、用水新目标。

1.2 国外城市雨水利用状况

近20年来，由于全球范围内水资源紧缺和暴雨洪水灾害频繁，美国、加拿大、日本、德国等许多发达国家和地区在城市开展了不同规模的雨水利用研究，取得了许多宝贵的经验，并已经召开了16届以上国际雨水利用大会。

美国是一个法制国家，对雨水资源的科学利用和管理有完善的法规制度。自1972年以来，制定的联邦水污染控制法（FWPCA）、水质法案（WQA）和清洁水法（CWA）均强调了对雨水径流及其污染控制系统的识别和管理利用。联邦法律要求对所有新开发区强制实行“就地滞洪蓄水”，即改建或新建开发区的雨水下泄量不得超过开发前的水平。如果区内的外流雨水造成下游河道洪峰超限，将由上游地区分摊所需防洪费用。防洪费用往往很高，促使上游区不得不充分开发利用雨水资源。在联邦法律基础上，各州如科罗拉多州、佛罗里达州、宾西法尼亚州等相继制定了《雨水利用条例》，保证雨水的资源化利用。

美国是一个地域辽阔、资源丰富的国家，对水资源的保护极为重视，在雨水利用技术上，尤其重视利用雨水对地下水资源的开发利用和养护，有的州还制定了《地下水保护和回灌实施细则》，并建立了大量屋顶蓄水和入渗池、井、草地、透水地面组成的地表回灌系统。一般来讲，地下水具有开采容易、水质优良、用途多样、一举多得等诸多优点。通过大面积绿地、坑塘和回灌井，将截留的雨水引入地下，完成地表水和地下水之间的水循环，在地层的特有净化作用下，使地下水位、水温、水质保持在一个稳定合理的水平上，然后将优质的地下水开采出来加以应用。为取得雨水利用的多种效益，美国的第二代“最佳管理方案”（Best Management Practice，BMP）强调了自然条件和景观结合的生态设计，普遍建设植被缓冲带、植物浅沟、湿地等，以获得环境、生态、景观等多重效益。20 世纪 90 年代初，美国在 BMP 的基础上提出了“低影响开发”（Low Impact Development，LID）雨洪控制管理理念，这是一种创新的暴雨雨水管理模式。LID 是从源头进行降雨径流污染的控制和管理，其基本原理是通过分散的、小规模的源头控制来达到对暴雨所产生径流和污染物的控制，并综合采用入渗、过滤、蒸发和蓄流等多种方式来减少径流排水量，使开发后城市的水文调节能力尽可能接近开发之前的状况。

另外，美国特别重视对雨水资源开发利用的宣传、鼓励和教育，联邦和各州都制定了《城市雨水利用奖励和惩处规定》等政策，鼓励企事业单位和个人采用各种方法利用雨水。

在许多公共场合都有关于节约用水和雨水利用的招贴宣传画，这使得美国公民的节水意识和雨水资源利用意识非常强烈，家家都在节水。在每一个家庭的雨落管下，常常放着一些有水的盆盆罐罐，都是盛接雨水用的。如果没有全民对雨水资源价值的学习、提高认识和强力宣传，一般是做不到的。

总之，美国对雨水利用的突出特点是法制完善、管理到位，重视城市防洪和雨洪利用，重视雨水利用的多重效益，注重全民雨水利用的宣传教育和鼓励，体现的是一种**全民普及科学利用雨水战略模式**，对雨水的利用达到了全新的高度。

德国是欧洲开展雨水利用工程最好的国家之一，已经进入雨水商品化高科技开发利用模式时代。目前德国的雨水利用技术已经进入标准化、产业化阶段，市场上已大量存在收集、过滤、储存、渗透雨水的产品。德国的城市雨水利用方式有三种模式：一是建立屋面雨水集蓄系统。收集的雨水经过处理，并达到杂用水水质标准后，出售给公共管理部门、企事业单位或家庭用作非饮用水，如街区公共厕所冲洗、公共场所和街道洒水、洗车和绿化等，如图 1-1 所示。二是建立雨水及截污去污处理和公共渗透系统。通过政策法规的约束，强调从城市分别排出的雨水和污水不能直接进入河道，必须有公司承包的处理系统对雨水和污水进行处理，然后将处理好的水排向河道，或者将处理好的雨水直接出售给企事业单位或个人用户。三是建设生态小区雨水利用系统。有的公司承包小区的湿地和草坪维护，并制定有相应的维护标准。沿着排水道，在小区修建渗透浅沟，表面植种草皮，供雨水径流流过时下渗，超过渗透能力的雨水则进入雨洪池或人工湿地，作为水景或继续下渗。为保证雨水利用有法律保障，并进行市场运作，德国制定了一系列雨水资源开发利用的法规和政策。例如，在新建小区之前，均要设计雨水利用设施，若无雨水利用措施，政府将征收雨水排放设施费和雨水排放费。因此，德国对雨水利用采用的是完善的**高科技商品化雨水利用战略模式**。

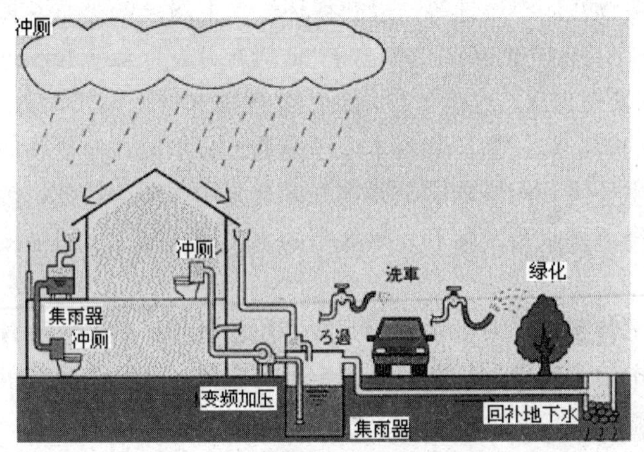

图 1-1 非饮用水雨水利用系统

日本是一个多雨国家，年降雨量在 900～1000mm，20 世纪 60 年代开始兴建滞洪和储蓄雨洪的蓄洪池，将蓄洪池的雨水用作喷洒路面、灌溉绿地、应急供水和防火减灾等城市用水，重点是应急供水和防火。据了解，京都地区已经建成 6000 多个储水池（其中神户市 4000 个），如果每个储水池容量为 1000m^3，每年两次轮转储水，则每年的雨水储蓄量可达 1200 万 m^3，相当于在市区建造了一个 3m 深，占地 4km^2 的大型市内人工湖。日本的雨水利用设施大多建在地下，以便充分利用地下空间。而建在地上的也尽可能满足多种用途，如在大型调洪池内修建运动场，雨季用来蓄洪，平时当作运动场。特别提及的是，日本是一个多地震国家，地震往往破坏公共供水系统、引发火灾等，在灾害面前，这些储存的雨水完全可以派上用场。这种具有雨水多用途战略储备模式的储水池，对于灾后应急救助，具有重要的战略意义。实际上，日本的各种雨水入渗设施也得到迅速发展，包括渗井、渗沟、渗池等，这些设施占地面积小，可因地制宜地修建在楼前屋后；也有在屋顶修建蓄水系统或修建屋顶蓄水和渗井、渗沟相结合的回补系统，雨水在屋顶集蓄后，逐步放入渗井或渗沟，再回补地下或贮留在储水池，该系统示意图如图 1-2 所示。

图 1-2 雨水的补渗利用和贮留

20 世纪 90 年代初，日本颁布了《第二代城市用水总体规划》，正式将雨水渗沟、渗塘及透水地面作为城市总体规划的组成部分，要求新建和改建的大型公共建筑群必须设置雨水就地下渗设施和储水池系统，以便应急时应用，同时积极运用技术手段对雨水进行深加工，如图 1-3 所示。日本的雨水利用是**全方位开发利用应急战略模式**。

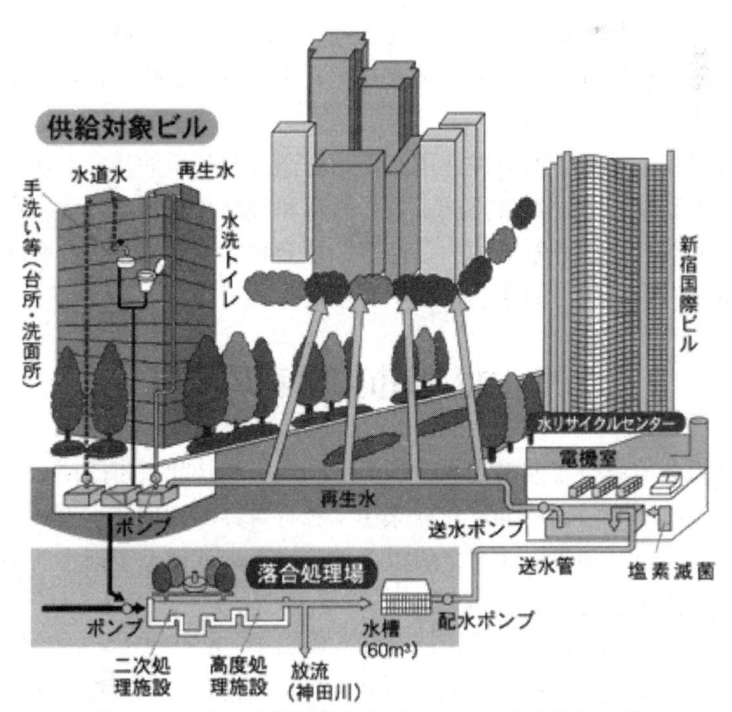

图 1-3 日本雨水资源的深加工处理和全方位利用系统

荷兰是河网遍布全国的低地国家，年降雨量在1000mm以上。尽管雨量充沛，水资源丰富，但是人们普遍具有很高的水资源意识和环境意识，对雨水资源的开发利用非常重视，几乎所有大型建筑物都有雨水收集系统，利用雨水调控地下水位技术和雨水利用技术非常先进。我国许多城市街道上铺设的大量渗水砖，亦称“荷兰砖”，技术即来源于荷兰。由于荷兰地势低于周边海平面，极易发生海水内侵事件。为了防止海水内侵，他们利用雨水回渗技术科学合理地调控地下水，使地下水和海水之间的界面保持稳定的动态压力平衡，形成一个有效屏障，既不造成海水内侵、污染水源，又不形成大面积陆地湿地。具体方式是：通过有效的雨水回灌下渗，保持地下水的充足性和洁净性，同时通过河网风力自动排水系统，保障地表不产生积涝灾害和淹没陆地。这种**雨水利用战略调控模式**是荷兰多年来雨水利用的特有技术方法。

荷兰对雨水的质量要求很高，在雨水收集利用的重点地区，不仅用机械方法净化雨水，而且经过生物化学处理获得高品质的雨水，自动化程度和创新方法在西欧国家名利前茅。

总之，西方发达国家已经把雨水资源利用提到了战略高度去认识，已经把雨水资源的开发利用作为战略性措施对待。综合上述几个国家的城市雨水利用技术，可以总结出以下四种战略模式：①全民普及科学利用雨水战略模式；②商品化高科技雨水利用战略模式；③全方位雨水开发利用应急储备战略模式；④雨水利用战略调控模式。

这些模式集中体现了西方发达国家雨水资源开发利用的战略性特点，法规完善，管理制度科学有效，经济措施、宣传教育和鼓励政策得当，雨水利用技术方法先进，技术起点高，开发规模大，经济、社会和环境等多重效益明显，这是我国在雨水资源开发利用方面和它们的主要差距。

1.3 国内城市雨水利用状况

我国几百年前就有了非常高水平的雨水利用工程。北京市的团城、故宫以及太庙等古建筑区，早在公元1400年就采用了独特奇妙的地面透水设计和雨水采集工程，大量古柏及其他参天大树之所以千年茂盛不衰就得益于雨水的利用，这是我国古人难得的用水思路。

我国现代城市的雨水利用技术研究和应用始于20世纪90年代末期，近10年发展较快，许多大中城市的雨水利用技术和水平已经显示出良好的发展势头。北京走在全国的前列，在全国较早启动“城区雨洪控制与利用示范工程”，如第

15 中学雨水利用工程、北京西城区华嘉小学雨水与景观工程、北京东城区青年湖雨水利用与景观系统、海淀区政府大院雨水利用工程、丰台区工会雨水利用工程、奥运会场馆的雨水利用工程等。特别是北京奥林匹克公园雨水利用工程已经成为中国雨水利用的样板工程。继北京之后，郑州、西安、深圳、天津、青岛、上海、南京、大连等许多城市也陆续开展了相关研究，济源市等一些小城市的雨水利用工程，也正在逐步展开。

2014 年，北京市完成了公园综合水利用改造、雨水收集池、透水路面、下凹式绿地、集雨樽等 250 余处城镇雨水利用工程，蓄水容积达到 1.6 万 m^3。截至 2014 年底，北京市已建成城镇雨水利用工程 967 处，雨水综合利用能力达 2153 万 m^3，2014 年一年累计收集利用雨水量 2781 万 m^3，相当于 14 个昆明湖的蓄水量；而陕西西安市也已建成雨水收集利用示范项目 21 个，年人工雨水收集量达 27.7 万 m^3，大致相当于西安护城河朱雀门至建国门段的蓄水量。

我国台湾省的雨水利用成就也令世人瞩目。台湾是我国雨水资源相当丰富的地区，年降雨量在 1000mm 以上。自 1999 年以来，台湾积极开展雨水利用的示范和普及推广工作，两年以后形成了规模性的发展。台北市水资源相当丰富，由于需求增大，也面临水资源紧缺问题。市政部门为了应对水资源紧缺局面，积极开发利用雨水资源，每年的雨水资源利用量占全年用水量的 5%～8%。自 1999 年以来，其中台北市动物园平均每年的雨水利用量占全年的 1/4，最高年份甚至达到了 1/2，如图 1-4 所示。

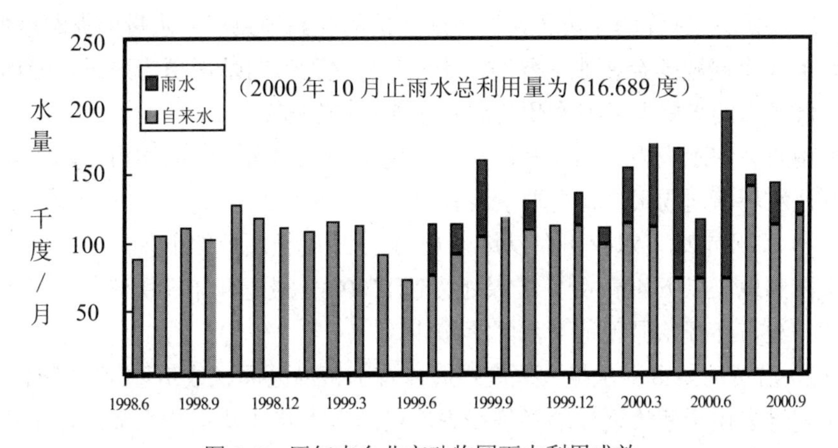

图 1-4　历年来台北市动物园雨水利用成效

从总体上看，我国的雨水利用理论研究比较深入，但是雨水利用技术还处于初期阶段，雨水利用规模还没有形成，各地政府出台的雨水利用规划零星、分散、简单，全国性雨水利用的规章条例尚待完善，特别是积极开发利用雨水的重要性，还有待于人们进一步认识和提高。归纳起来，问题主要有四点：①雨水利用的政策法规缺失；②雨水利用的技术落后；③人们的雨水资源意识淡薄；④宣传教育的力度和广度不够。

1.4 城市水资源问题及其雨水开发利用的必要性

当前，我国城市水资源存在的问题，通过调查分析可归纳为以下几点。

（1）资源性缺水和城市洪涝灾害频发。20 世纪 90 年代以前，北方干旱地区城市水资源紧缺，长江以南多雨地区的城市洪涝灾害严重。但是近十几年，同时出现了北方干旱地区城市洪涝灾害严重、南方多雨地区城市干旱频发的双重局面。

（2）污染性缺水和工程型缺水。由于城市发展迅速，造成过市河流水体和城区地下水的严重污染，城区的浅层地下水和过市河流水已经无法作为生活饮用水利用，人为地大大减少了城市水资源可开采量。于此同时，城市的供水工程（各种水源地）和水资源再生工程（例如污水处理系统、雨水收集系统、循环用水系统）条件差，加工和供水能力低，设备陈旧，无法满足城市用水要求。

（3）地下水超采严重。我国北方地区已经出现若干大型区域性地下水降落漏斗，一些城市的地下水已被疏干。

（4）水资源浪费严重。城市人均用水量和工农业用水量远远高于西方国家的用水量，并缺少有效的节水技术和器具。

（5）城市化进程的加快和人们生活水平的提高导致了用水量的大幅度增加。

以上 5 个问题的存在非常普遍，华北平原区的城市情况更为严重，河南省郑州市和济源市的水资源开发利用现状就是典型的例子。

河南省为缺水大省。郑州和济源两市属于用水非常紧张的城市，两市面临的水问题及水环境问题很多，主要表现在以下几方面。

（1）郑州市地下水位正在以每年 0.3m 的速度全面持续下降，其中西部地区已经下降到地表以下 40m 处，最深处达到了 90m，最近几年有所恢复；号称“济渎”的济源市亦开始显现地下水降落漏斗。

（2）沿黄河城市引水量大幅度提高以及引黄灌区面积成倍增长，影响了郑州市用水。过去由于断流造成的经济损失，仅河南省就涉及了 9 个灌区，郑州、新乡等市水厂的引黄供水无法达标。郑州市在规划建设中，要在市内建立生态型人工湖——龙湖，它每年要从黄河引入 5000 万 m^3 以上的河水，才能维持“五河一湖”的良好水质和正常水位。灌区引黄用水量的增加和黄河断流两个因素，将直接或间接影响郑州市从黄河的取水（质和量）。

（3）工业是用水大户，但是用水仍然处于资源消耗性状态。在市场经济引导下，预计未来 10 年内，郑、济两市工业用水将继续增加 30%以上。济源市是一个 GDP 产值很高、经济型产业明显、资源消耗大的新型城市，最近两年又连续建厂，增加水资源消耗量大的食品加工和重金属冶炼厂，水资源短缺在所难免。

（4）由于城市建设发展十分迅速，用水量已成倍增长，郑州市的用水量翻了一番，家庭用水从 20 世纪 90 年代的人均 2.8m^3 增长到 4.0m^3。由于城市绿化水平越来越高，绿地面积和需求水量成几十倍的增长。与此同时，城市洪水发生频率也越来越高、越来越严重。郑州在 2003 年 6 月份的强降雨中，经济损失达 2.5 亿元人民币；2005 年 7 月 30 日一次降雨中，郑州市区的直接经济损失为 7500 万元；2008 年的一次中雨造成了大面积的交通瘫痪，经济损失巨大。

济源是河南省开始进行“城乡一体化”试点工作的首选城市。“城乡一体化”意味着城市和公民生活水平的提高，必将大面积地提高用水量，增加水资源消耗量。

（5）水体污染严重。郑州市的几条主要河流（未来向龙湖供水的金水河、东风渠、熊耳河、颍河、七里河等）几乎变成了典型的排污渠道，水生生物已经无法在水中生存，每次清理河道，都必须引入大量的黄河水。济源市的过市河流北蟒河及南蟒河污染严重，水质污染在Ⅳ级或Ⅴ级以上，沁河也有不同程度的污染。有些地表水的铅污染超标严重，已造成灾难性后果，不容忽视。

（6）城市地面传统硬化技术使得城市洪灾频频发生，城市防洪问题已经十分明确地摆在人们面前。有些城市几乎每次降雨都要造成市区多处积水、交通受阻、事故迭起、电力设施严重受损和危及居民生命安全的事故（见图 1-5、图 1-6）。洪灾给城市经济发展、人民生命安全和财产造成的损害，平均每年达亿元以上。

图 1-5　郑州市红旗路洪灾现场

图 1-6　郑州市东风路的道路洪灾

（7）节水及环境保护意识淡薄。郑州市工业单方用水产值只及发达国家的 1/3～2/3 的水平，农业用水单方产粮不足 1 千克。水利部门虽然下发了关停水井的文件，但真正落实还有困难。

积极推进雨水资源的开发利用，雨水利用是一项缓解水资源紧缺的重要措施。这项措施有多种益处：是水资源开发的新途径，能够缓解水资源的紧缺局面；降低城市排水和污水处理负荷，减少城市河流污染；消除洪灾，改善地下水环境条件，为城市发展和建立节水、生态、环保型城市提供支持。

就目前来看，我国城市雨水利用还没有形成规模性、规范性的开发利用局面。各地政府出台的雨水利用规划零星、分散、简单，纸上谈论的多，小规模的实验多，全国性雨水利用的规章条例尚待完善，也没有上升到战略高度。为此，从宏观和微观的角度，借鉴国外城市雨水利用的研究成果，研究城市雨水利用的宏观战略模式和微观技术模式，总结出系统性、多样性的雨水利用新模式，进一步提高城市雨水利用的质量和技术水平，有助于我国城市雨水利用的进一步推广和应用。

第二章　城市雨水利用技术模式

在总结国内外雨水开发利用先进经验的基础上，从宏观和微观的角度对雨水资源的开发利用进行了深入研究，并给出了雨水开发利用的宏观战略模式和微观技术模式。为了科学合理地开发利用雨水资源，在研究各种技术模式和掌握雨水资源特点、功能及应用目标和方向的基础上，还对雨水开发利用的功能区域划分原则和方法进行了深入的研究。

2.1　城市雨水资源功能区域划分

雨水资源和其他水资源一样，在不同的环境、条件和状态下，都有不同的功能和特点。应该依据雨水资源的不同功能特点进行功能区域划分，以便有针对性地对城市雨水资源进行高水平的开发利用，保证雨水开发利用的正确性和合理性。

2.1.1　城市雨水资源功能区域划分原则

城市雨水资源的开发利用是一项系统工程，对雨水资源的开发利用是有一定原则的。本书提出了雨水功能区划的4项原则：

1. 依据对雨水的需求目标进行区划

例如湿地区的需求目标是将雨水直接引向湿地水体；超强地下水开采区是用雨水补源回灌；居民小区应是收集雨水进行冲厕、洗车、灌溉或降温等用途。在这些地区，对雨水需求的目标不同，雨水体现的功能也不同，因此功能区也不同。

2. 按照降雨周期、雨水汇集面积及可供应量的多少进行区划

在规划设计中，雨水储水设施的储水量和目标需求量不能超过降雨可收集量，即 VA＜ΣVI，其中的 VA 是雨水目标需求量，ΣVI 是区域降雨可收集利用量。

3. 依据雨水开发能力进行区划

雨水利用条例中提出的基本原则之一是“谁开发谁受益”，对雨水需求的能力也是不断变化的。因此，投资能力和雨水需求水平不会一次到位，可能会形成逐步开发、逐步到位的局面。有些地区尽管有可利用的雨水资源，但由于区域内的经济、社会和其他条件不具备，或者发展超前，可不列入规划区。

4. 雨水功能区域划分是可变的

由于城市建设不断变化，雨水利用的需求也不断变化，功能区划分也必须随之变化。

2.1.2 城市雨水资源功能区域划分方法

雨水资源开发利用的功能分区方法和类别很多。本书依据雨水资源的运动规律和应用去向进行综合性的宏观分区，原则上可划分为开采收集区、补源回灌区、排泄调控区和开发利用区 4 个类型。其中雨水开发利用区是研究重点。

1. 雨水开发收集区

雨水资源的开发收集是指通过一定的方式、方法和手段，直接把雨水收集或汇集到某些区域、地段，如城市沟塘、湿地等，并且不需要任何雨水处理或深加工，即可完成收集任务，达到保护湿地，形成景观的雨水利用目的。适宜这种雨水汇集的区域，可称作雨水开发收集区。一般情况下，城市河道、沟、塘、堤坝或湖泊的周边区，都可以作为雨水收集区，通过斜坡、浅沟、河道等，将雨水直接引入上述水体，作为城市景观用水或者保养城市湿地。经过调查，郑州市主要有 8 大雨水收集区：金水河、东风渠、七里河、西流湖、龙子湖、未来的龙湖等周边的上游来水区，以及东开发区和郑东新区的人工湿地等。

2. 雨水补源回灌区

补源回灌区是指在某些降雨区或雨水集中的地段，通过制作渗沟、渗坑、渗渠、废井和渗井等，将雨水引渗到地下，补充地下水。自 20 世纪以来，郑州市地下水位已经明显下降，尤其是在西部棉纺厂一带，水位下降明显。建筑工地上的基坑已经挖到 40 多米深，还没有见到地下水，说明已经形成明显的地下水降落漏斗，属于超采区。利用雨水补源回灌就是消除城市的地下水降落漏斗，除去减少或停止开采地下水外，利用雨水补源回灌是唯一可以抬高地下水位的办法，也是非常有效的措施。

需要指出的是，建设透水路面是地下水补源回灌的有效办法，补源区域范围广泛，可以涉及到每一条街道和广场。

3. 雨水排泄调控区

排泄调控区是指在一些建筑老区，由于地面硬化造成地表和地下水联通隔断，造成大量集雨，形成洪灾；而且近期雨水收集比较困难，用水条件差，需要将雨洪水直接排泄到地下雨水管网中，该地区称为排泄调控区。这些地区包括环城公路、无草地广场、易积水居民街道区等。随着经济条件和雨水开发利用技术的不断提高，这些雨洪水也可以作为水资源进行开发利用。

4. 雨水开发利用区

雨水开发利用区是城市雨水资源的重点开发地段或地区之一。在这类地区，雨水需求迫切，雨水资源容易开发利用，成本预期合理，社会经济效益和环境效益高，进行分区规划会更有针对性和实用性。雨水开发利用区进一步细分为 5 个功能分区，分别是：①绿地灌溉区；②生活杂用（包含消防用）雨水利用区；③湿地保养和景观雨水利用区；④城市防洪和消防雨水利用区；⑤城市雨水补源回灌区。

现以郑州市为例，将雨水利用划分成了 5 个不同的功能区，功能分区如图 2-1 所示。

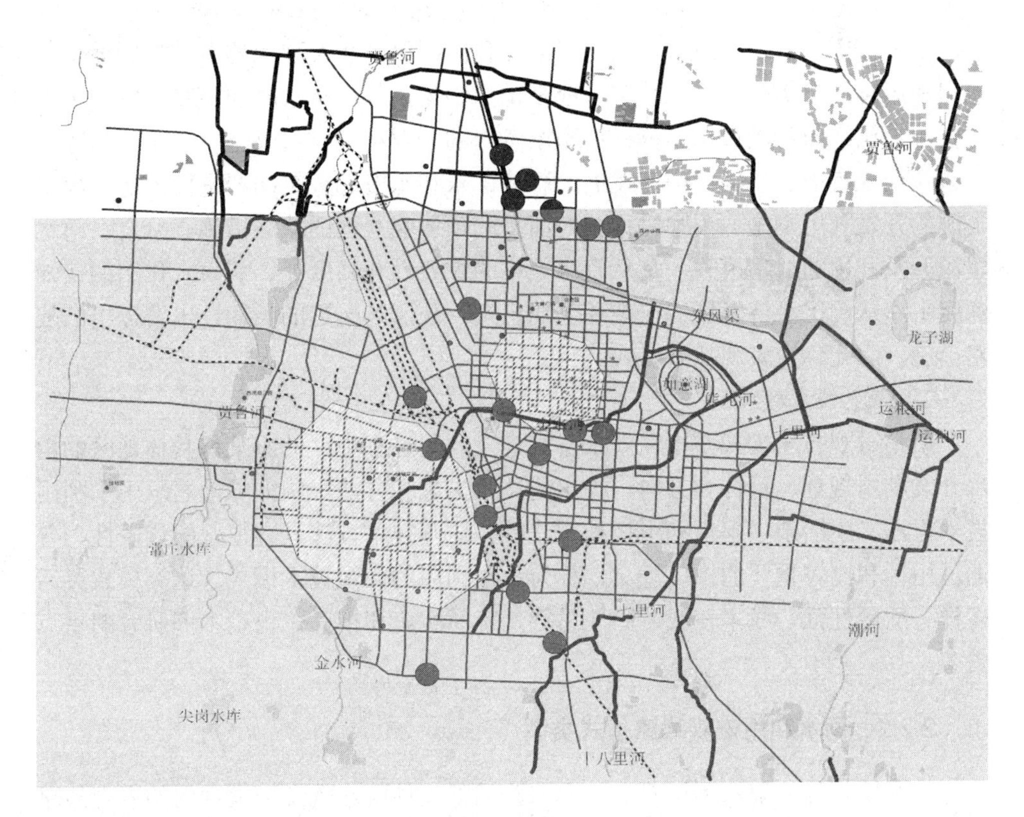

河、渠雨水开发收集区； 湖、塘、坑池雨水收集区；

雨水补源回灌区； 雨水利用调控区； 绿地灌溉雨水利用区。

图 2-1 郑州城市雨水资源功能分区

2.2 雨水利用的宏观战略模式

2.2.1 雨水利用宏观战略模式和技术模式的概念

前面已经提到，本书提出了雨水资源开发利用的两种模式，既宏观战略模式和微观技术模式。

1. 宏观战略模式

所谓雨水开发利用宏观战略模式，是指在资源地位上，它和水资源的地位同样重要，不是可有可无的东西，是水资源的重要组成部分；在认知上，要从雨水的功能和作用出发，重新认识雨水资源在我国国民经济发展中的潜在重要地位、作用和影响；在实践上，一些缺水或多水的国家，都在从战略的高度开发利用雨水资源，已经为我国做出了榜样；雨水资源的开发利用不仅仅是一项技术问题，应该从全局考虑、从国民经济发展的整体需求和水资源危机的严重性考虑；雨水资源的开发利用不是一项临时措施，而是一项影响久远的战略措施。总之，雨水资源开发利用的战略模式，是从资源地位的重要性和高度上、从雨水作用的认知深度上、从国民经济发展的宏观和全局出发、从影响久远的长期性出发提出的战略措施，因此称为宏观战略模式。

2. 微观技术模式

所谓微观技术模式是指在雨水资源开发利用过程中，针对某些具体地区的雨水开发利用规划、目标和方向，提出的技术措施和方法。例如绿地灌溉雨水利用技术方法、生活杂项雨水利用技术方法等。这些技术方法具有很好的代表性、普遍适用性和比较重要的推广意义，称为雨水利用的微观技术模式。这类模式灵活多样、适应性强、成本较低、简便易行，容易实施和推广，也是本书研究的重点内容。

2.2.2 雨水利用宏观战略模式类型

结合国内外的雨水利用研究，本书归纳了几种雨水资源开发利用的宏观战略模式，具体分为：

1. 全民普及科学利用雨水战略模式

该战略模式主要内容包含：①国家有完善的雨水利用政策法规；②有广泛普及、容易推广、易于理解的成熟的雨水利用技术；③其中最突出的特点是：在政府的大力宣传和引导下，全民雨水资源意识与节水意识增强，在国家政策的指导和保护下，主动开发利用雨水资源；④雨水利用的经济、社会和环境效益被社会认可。

2. 商品化高科技雨水利用战略模式

雨水商品化高科技开发利用模式的主要内容包含：①雨水利用的技术含量高，在雨水开发利用的多个环节上采用了高科技措施，例如自动检测技术，雨水的生物、物理或化学处理以及雨水自动养护和调控技术等；②在政策保障、市场管理和销售方面，具备了市场化和商品化的运行机制基本条件；③虽然高技术雨水开发成本较高，雨水水质处理标准要求严格，但是经济效益高，雨水价格能够被用户接受；④雨水的应用方向和目标具有战略意义，或者使用雨水的对象是非常重要的建筑设施、设备或专用场所；⑤人们重视雨水资源开发利用事业。德国的商品化雨水利用、北京奥运场馆的雨水利用以及以色列的雨水生活饮用加工，都属于商品化高科技雨水利用战略技术模式。

3. 全方位雨水开发利用应急储备战略模式

全方位雨水开发利用应急储备战略模式是指对于水资源的多方面开发利用，雨水的利用特别具有国家层面的应急救助战略目的。主要内容包含：①国家对雨水资源的开发利用特别重视；②将储存的雨水应用于特定目标，尤其是国家面临危机状态下的应急救助；③实施对雨水资源的全面开发利用，包括环境应用、日常生活应用等；④国家有完善的雨水利用管理政策；⑤雨水多用途战略储备模式。

4. 雨水利用战略调控模式

在此，雨水利用战略调控模式有比较强的针对性，是从科学利用雨水功能与特征的角度提出的模式。荷兰作为滨海低地国家，早就学会了利用雨水和风力作用消除各种地质灾害和水灾害。其实许多国家都存在类似问题，只是表现形式不同而已。例如中国的沿海城市天津、青岛等，海水内侵严重，危害极大，借助于本书提出的雨水利用战略调控模式即可解决问题，消除灾害。因此，本书专门研究并提出了该类型战略模式。

5. 利用雨水应对水危机的节水战略模式

有些国家严重缺水，例如在以色列和其他阿拉伯国家、澳大利亚的西南部地区，水比黄金还重要。要想方设法把每一滴雨水收集起来，作为人们的日常生活用水和各式各样的水源，目的是应对时时刻刻会出现的水危机。我国的西北地区也是严重缺水地区，应该向这些国家学习，制定节水战略，利用雨水应对水危机的出现。

2.2.3 推广应用的技术模式分类

为了便于推广应用雨水资源开发利用模式和技术，使人们在雨水资源开发利用方面有一个更高层次的清晰认识，能够从资源意识的高度认真看待雨水资源的开发利用，从战略的高度认识雨水利用的重要性和必要性，本书从技术、规模、投入要求的层面上，又把雨水开发利用划分成了**高级复杂模式、一般普及模式和简单实用模式** 3 种。

1. 高级复杂模式

雨水利用的高级复杂模式是指雨水利用工程技术含量高，在雨水开发利用的多个环节上采用了高科技措施，例如自动检测，雨水的生物、物理或化学处理以及雨水自动养护和调控技术等。高科技的成本花费高、效益高，雨水水质处理标准要求严格，雨水应用方向和目标具有战略意义。

高级复杂模式的技术关键是雨水水质处理，水质必须达到一定或特定的要求。不但要求水质达到规定标准，而且要求处理成本低，方法简单可行。现将雨水水质深层处理的基本方法步骤简单介绍如下。

（1）雨水的机械净化处理。经过沉淀后的雨水进入一个大型专用离心泵，通过离心泵的机械分离作用，将雨水中的各种颗粒分离出去。

（2）雨水净化装置的结构设计及功能。本书提出的雨水深层处理净化装置是组装式的平卧型雨水过滤净化装置，水平断面大小为 3m×3m。在这样的面积上，由 100 个 30cm×30cm 的独立雨水净化器组装而成，每个独立的净化器之间相互连接或插接，雨水可在净化器的上部均匀流动。

（3）雨水处理的工艺过程。单个的雨水净化器就是一个独立的雨水过滤净化装置。主要是起到物理和生物净化作用，即过滤、吸附和消毒作用。雨水经过吸附和消毒后，在重力作用下，流入三分式储水池待用。

（4）雨水的消毒处理。雨水进入三分式储水池后，加入雨水消毒剂，去除各种病毒，即可待用。

（5）雨水处理的管道系统。深层加工处理的雨水在应用时，必须处于半封闭状态，不能有任何污染干扰，所用的传输管道必须洁净，避免对雨水造成二次污染。

（6）雨水深层处理的加工能力。雨水的深加工能力，取决于用户的需水量，因此要解决好供需的平衡问题。

2. 一般普及模式

雨水利用的一般普及模式是指在人们认识普遍提高的前提下，借助于市政工程建设、小区建设、企事业单位的节水改造和发展，而开展的雨水开发利用工程建设，例如绿地雨水灌溉工程，雨水存储景观工程，雨水利用冲厕、喷洒地面和洗车工程，雨水回灌工程等。这种技术模式的工程建设花费不高，技术含量一般，经济和环境效益相对明显，建设成本和花费能够被市政部门和企事业单位所接受，易于推广，只要人们的资源意识和环境意识提高，就能在整个城市全面推广普及。这也是目前政府积极推广的主要技术模式。

3. 简单实用模式

雨水开发利用的简单实用模式是指在雨水资源意识提高的基础上，家家户户的普通居民能够利用各种简单的集雨手段，或者进行小小的技术革新，将雨水收集起来，进行浇灌、冲厕、洗涤或其他方面的应用。这种简单模式不拘一格，可简可繁，可大可小，几乎不花费任何成本，只要相关部门坚持不懈地宣传教育，提高公民认识并做出示范就能够做到。模式虽然简单，但如果家家都通过收集雨水节约水资源，效益则会非常高。郑州市大约有 200 万户家庭，每户每年集蓄 $1m^3$ 雨水（相当于一个月半桶水），就是 200 万 m^3。一个家庭平均每月集蓄半桶雨水则是举手之劳。

2.3 雨水需求微观技术利用模式

研究和调查表明，雨水的实际应用去向是多方面的，可以应用到各行各业、各个方面（如图 2-2 所示）。尤其是生活用雨水的用途特别广泛。按照用水需求和用水目标建设雨水开发利用工程具有普遍性特点，是普及推广重点，也是本章研究的主要内容。

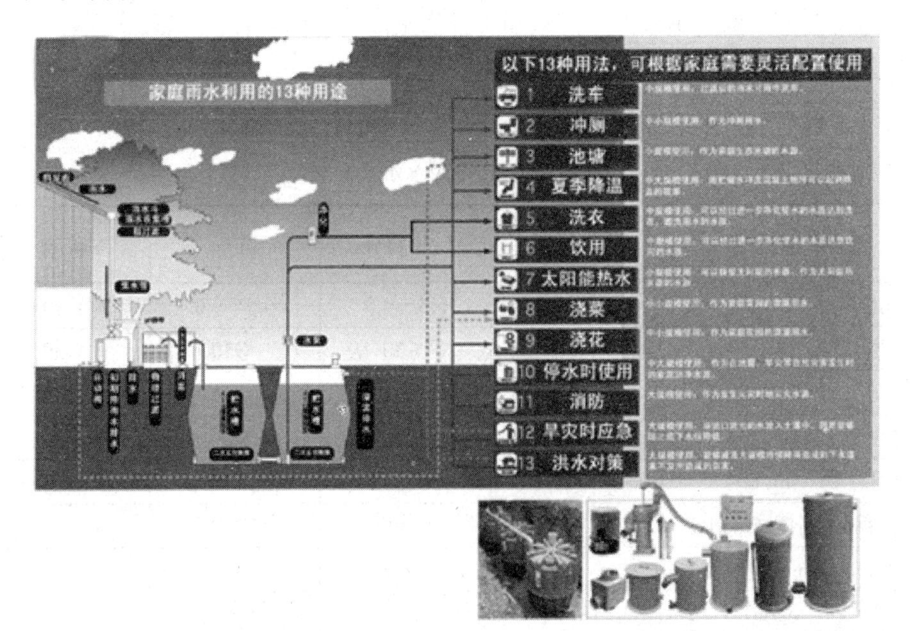

图 2-2 雨水的应用去向分类

依据雨水需求和应用去向划分的技术模式共有 5 种：①绿地雨水灌溉技术模式；②生活杂用雨水利用技术模式；③自然景观和湿地养护雨水利用技术模式；④消防雨水利用技术模式；⑤补源回灌和道路渗透雨水利用技术模式。

2.3.1 绿地雨水灌溉技术模式

绿地雨水灌溉技术模式所要解决的几个问题是：确定绿地面积和需水量；确定雨水汇集面积、汇集雨水类型、可开发量和汇集方式；研究雨水收集方式和储水池的布置；解决雨水净化处理方法、灌溉方式和合理设置配套设施。

1. 雨水需求量和绿地面积计算

按照城市规划要求，对于一个建设小区或单位而言，绿地（草坪）面积应占城市面积的 24%以上，依此可以计算出该区的设计绿地面积，实际面积需通过测量获得。根据北方地区的气象、草坪和土壤特点，计算显示：不同降雨年份草坪灌溉制度下，在干旱年份灌水 25 次，净灌溉定额 440mm；在平水年灌水 23 次，净灌溉定额 410mm；在丰水年灌水 19 次，净灌溉定额为 340mm。由此得到草坪的年灌溉蓄水量分别为 440mm、410mm、340mm。如果全部用天然降雨灌溉绿地，已经不能满足要求。河南省地区年平均降雨量取 650mm、绿地降雨有效利用系数平均值取 0.6（渗漏、蒸发和径流量占 0.4）时，每亩绿地降雨有效利用量为 256m^3，按照干旱年份评估，灌溉水缺口为 174m^3/亩，该数据即是雨水需求设计量，可以此为参考依据，确定雨水汇集面积和进行储水池大小的设计。

2. 水质要求

绿地灌溉对水质的要求可参考杂用水水质标准，见表 2-1。

表 2-1 城市杂用水水质标准

序号	指标	冲厕、道路清扫、消防	城市绿化	洗车	建筑施工
1	pH	6.5～9.0	5.5～9.0	6.5～9.0	6.5～9.0
2	色/度	≤30	≤30	≤30	≤30
3	臭	无不快感觉	无不快感觉	无不快感觉	无不快感觉
4	浊度（NTU）	≤10	≤20	≤5	≤20
5	悬浮物（mg/L）	≤15	≤30	≤10	≤5
6	溶解性固体（mg/L）	≤1000	≤800	≤1000	-
7	BOD_5（mg/L）	-	≤15	-	≤10
8	COD_{cr}（mg/L）	≤50	≤60	≤50	≤60

续表

序号	指标	冲厕、道路清扫、消防	城市绿化	洗车	建筑施工
9	氯化物（mg/L）	≤350	≤350	≤300	≤350
10	阴离子表面活性剂（mg/L）	1.0	1.0	0.5	1.0
11	铁（mg/L）	≤0.3	-	≤0.3	≤0.3
12	锰（mg/L）	≤0.1	≤0.1	≤0.1	≤0.1
13	溶解氧（mg/L）	≥1.0	≥1.0	≥1.0	≥1.0
14	游离性余氯（mg/L）	接触 30 分钟后≥0.2,用户端≤0.05	接触 30 分钟后≥0.2，用户端≤0.05	接触 30 分钟后≥0.2，用户端≤0.05	接触 30 分钟后≥0.2，用户端≤0.05
15	总大肠菌群（MPN/100mL）	≤5	≤5	≤5	≤5

城市（设市城市和建制镇）杂用水是指冲厕、道路清扫、消防、城市绿化、洗车、建筑施工这几类杂用水；城市绿化用水是指公园道边绿地、道路隔离绿化带、运动场和庭院草坪以及相似地区的用水。

测试表明，雨水来源不同，水质也不尽相同。在绿地灌溉中，除雨水指标应该符合杂用水水质标准之外，喷灌设施的喷头容易被杂质堵住喷口，需要特别注意。因此，要求雨水中不能含有较大的颗粒或沉淀物。为避免发生堵塞，可在雨落管末端和储水池前面加设机械过滤装置。一般情况下，汇集的屋顶雨水非常洁净，只要没有颗粒性杂质，雨水不用处理即可用于绿地灌溉。对于来源于广场和道路的雨水，应进行净化处理，在雨水进入储水池前安装雨水净化处理装置，或者专门设置中水净化器。

3. 储水池的布置

绿地灌溉储水池的大小、数量和位置，除按照城市建筑设计和施工规范要求进行之外，要视绿地面积、分布、形状以及雨水汇集方式而定。储水量原则上要满足 VA<VI<VP 关系式。式中 VA 是绿地灌溉需水量，VI 是储水池容量，VP 是雨水可汇集量。在集雨条件不充分时，允许 VI<VA。储水池的位置尽可能设置在绿地区内，尽量满足安全性好、使用便利、成本花费合理的要求。对于大型公共绿地的储水池，应设置成串葫芦式的储水方式（如图 2-3 所示）。所谓串葫芦式储水是指在城市雨水排水网络上，像藤上结葫芦一样，在合适的部位连接建立雨水储水池，把排水网的雨水收集起来，经过净化处理引入储水池，用于绿地灌溉（如图 2-4 所示）。

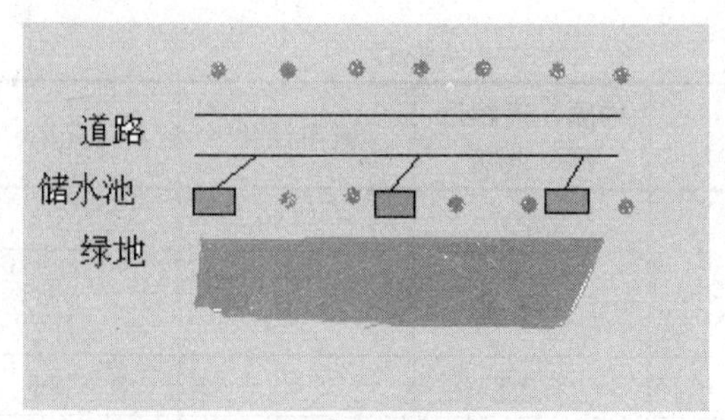

图 2-3 串葫芦式储水池布置示意图

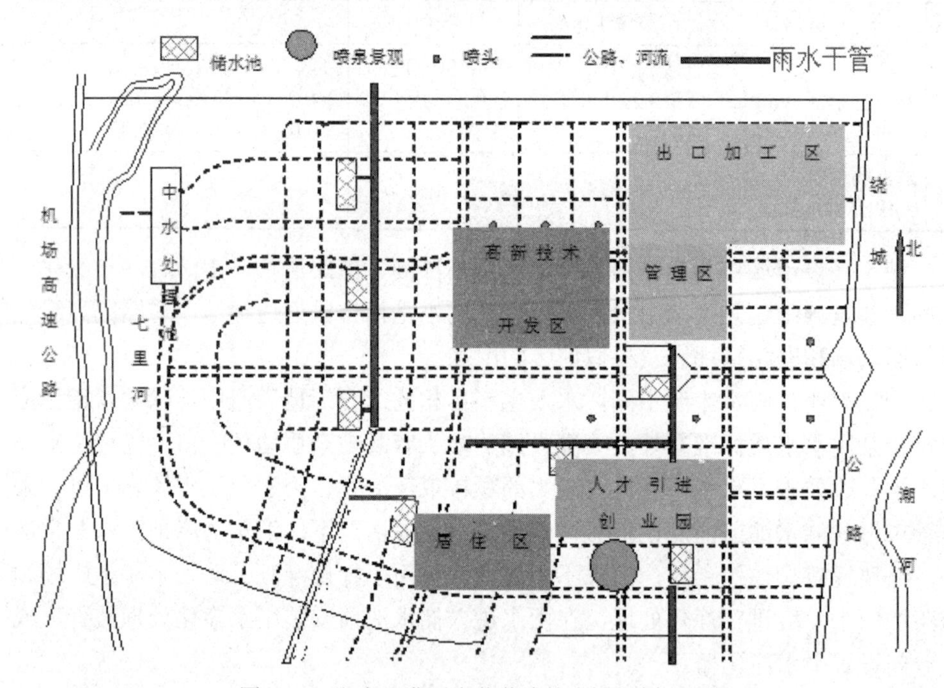

图 2-4 郑东开发区串葫芦式储水池规划布置图

下面是一个雨水绿地灌溉的应用实例，供推广参考。

郑州市水利局家属院雨水利用绿地灌溉工程属于单一式的典型雨水利用绿地灌溉模式。投资建成的工程主要是圆形钢筋混凝土储水池，其他部分全部利用了已有工程设施，例如输水和排水管、喷灌以及供电设备等。储水池容量 1000m^3，使用寿命 40 年，每年轮转储水量 2200m^3。

储水池雨水的供应全部来自绿地两侧的两栋家属楼楼顶的雨水汇集，输送雨水通过已有的楼房雨落管完成，没有净化过滤装置，直接由地面流入储水池中，集蓄的雨水符合相关水质标准要求，汇集的雨水全部应用于家属院 3000m^2 的绿地灌溉。每年经济净收益为 1.4 万元以上，考虑环境和社会效益，3 年内能收回成本。

郑州市水利局家属院雨水利用工程的特点：①雨水来自两栋家属楼楼顶，雨水洁净，不需处理，适于灌溉；②利用了楼房雨落管通过地面面流和滴漏直接流入圆形储水池，多余的雨水自动从下游排水口流入雨水排水网；③储水池是封闭的，顶部建有休闲池；④绿地浇灌设备为 8 个自启式自动升降喷头；⑤草坪的灌溉由家属院门卫兼职负责；⑥社会、经济和环境效益高，为居民创造了优雅环境。

下面给出该小区建成的雨水利用工程的一组实景图，如图 2-5 所示。

（a）正在浇灌绿地

（b）休闲池和雨水储水池一地两用

图 2-5　郑州市水利局家属院利用雨水灌溉绿地的实景图

2.3.2 生活杂用雨水利用技术模式

1. 城市生活杂用雨水利用技术的多样性特点

雨水资源的开发利用具有多样性特点，如果把城市雨水资源的开发分为上、下游两段的话，离开城区进入河道、湖泊或地下含水层以后的开发利用，则称为下游开发。比如航运、发电、养鱼、城市地下水供给、农业灌溉、企业用水和流域防洪等；城市区雨水资源的开发利用，可称为雨水资源的上游开发。如绿地灌溉、补源回灌、景观用水、消防、防洪及生活杂用等。城市区雨水资源的开发利用还具有降低下游防洪压力、减少城市排水负荷、缓解地下水开采矛盾、养护城市环境和生态等功效。当城市雨水资源作为杂用水利用时，开发利用技术方法更是多种多样。因此，生活杂用雨水的开发利用，应该因地制宜、技术多样、注重实效。

2. 雨水汇集面积的确定及雨量计算方法

1）雨水汇集区的确定及给水比例

当雨水应用于生活杂用水时，降雨汇水主要来自屋面、道路及绿地 3 个方面。所要计算的雨水资源总量分别由这 3 种主要汇水面积的雨量构成。年内产生的径流量总和，可以由公式（2-1）进行计算。

$$R_e = \psi \times A \times H_n \qquad (2\text{-}1)$$

式中：R_e 为年径流量，单位为 m^3；ψ 为径流系数；A 为汇水面积，单位为 m^2；H_n 为年平均降水量，单位为 mm。

城市雨水资源汇集区，即建筑物、道路广场和绿地，所占雨水汇集面积具有不同的比例，这是城市建设规范所圈定的。经过实际调查验证，表 2-2 给出了三者之间的面积比例。

表 2-2 城区建筑物、道路、绿地占地比例

名称	占地百分数	径流系数
建筑物	62.22	0.75
道路	29.04	0.75
绿地	8.74	0.15

不同建设面积的建筑物、道路、绿地之间提供的雨量各不相同，雨水资源汇集量比例如图 2-6 所示。

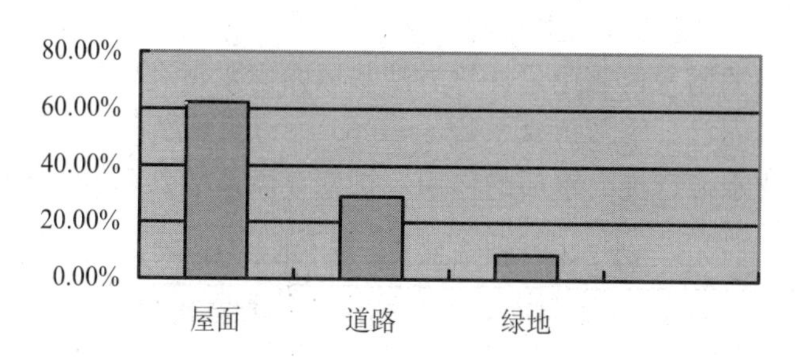

图 2-6 屋面、广场道路及绿地雨水资源量分配图

从图 2-6 可以看出，3 种汇流介质中，城区屋面所占年平均雨水径流资源总量的比例最大，比例占到 62.22%，绿地最小，仅为 8.74%，广场和道路面积居中。由此可见，屋面雨水是雨水回收利用的重要组成部分，其次是道路和广场雨水。

2）降雨季节分配因素影响计算

在计算城区可利用的雨量时，需要考虑雨水利用时要受到的多种因素的影响，如气候条件、降雨季节分配、蒸发、雨水水质情况和地质地貌等客观存在的自然因素，另外还受特定地区建筑的布局和结构等其他因素的影响。北方地区的降雨量主要集中在汛期（6～9 月），期间的降雨量能占到全年降雨总量的 64.65%。而其他月份不仅雨量少而且降雨的强度一般也比较小，有的降雨过程甚至不能形成径流，也就无法利用。所以雨水利用主要考虑汛期（6～9 月份）的雨量，即要考虑一个季节折减系数 α，建议取 $\alpha = 0.65$，计算公式如下：

$$Q = R_e \times \alpha \tag{2-2}$$

式中：R_e 为雨水资源总量；α 为季节折减系数。

屋面雨水占整个雨水径流量的 46.10%，是雨水资源的主要来源。另外，根据雨水水质的实测情况，在这 3 种汇流介质中，屋面雨水水质较好、径流量大、便于收集、处理，且费用相对较低，用于冲厕、洗车、绿化、喷洒路面、水景等比较合适。

3）雨水的初期弃流因素影响计算

由于屋面、地面材料和大气污染的原因，雨水初期径流的水质较差，应该考虑除去初期污染较为严重的雨水，初期弃流系数取 $\beta = 0.87$，考虑水量和水质两个影响因素后，城区屋面雨水可利用雨量计算公式如下：

$$Q = H_n \times A \times \psi \times \alpha \times \beta \tag{2-3}$$

式中：Q 为屋面雨水年平均可利用雨量，单位为 m^3；H_n 为年平均降雨量，单位为 mm；A 为总汇水面积，单位为 m^2；ψ 为径流系数；α 为季节折减系数；β 为初期弃流系数。

4）城区道路和绿地可利用雨量计算

道路、绿地的雨水可利用量计算方法和屋面雨水可利用量计算方法相同，只是参数取值不同而已。季节折减系数$\alpha = 0.65$，初期弃流系数β取 0.50。由于绿地自身具有净化水源、提高水质的作用，初期弃流系数β可取 0.90，见表 2-3。

表 2-3　雨水汇集量计算中的参数选取

类别	径流系数ψ	季节折减系数α	初期弃流系数β	说明
屋顶	0.75	0.65	0.87	不同城市参数选取都有差别
道路广场	0.75	0.65	0.50	
绿地	0.15	0.65	0.90	
其他				

3. 雨水汇集储存及技术要求

生活杂用雨水的汇集方式依据供水对象不同，要求也不尽相同。由于屋顶雨水水质较好，一般以屋顶雨水汇集为主，其次是道路和广场积水。我国传统的城市小区道路修建是路面低于两侧的草坪或地面，道路雨水通过排水系统排走；生态型的城市小区道路应是路面高于道路两侧的地面或草坪，使雨水直接流入两侧的草坪或土壤地面。这样修建的道路，已经成了西方发达国家的时髦道路，也被称作环保道路、绿色道路或鱼脊式道路。

在生活杂用水方面，雨水储存技术的应用几乎没有固定的储存方式，可以利用现有设施储存雨水，也可以建立各式的储水池。如果是喷泉景观用水，可以直接将雨水引入已经建成的景观池或者人工湖、塘内。对于冲厕、洗车和喷洒路面用水，根据需求量的多少，一般要建立专门的储水池。储水池的建立要按照城市建设规范和雨水利用规范要求进行，尤其是储水池的选址，要避开各种地下管道、车行道路和人群密集处，还要方便取水。

4. 水质处理要求（曝气和深加工处理）

生活杂用水对雨水水质的要求比较高，应用之前的雨水应该进行一定的检测，如果明显达不到水质标准要求，应该进行净化处理。生活杂用雨水水质处理的方式有下列几种。

1）景观池水曝气法。将雨水引入景观池或坑塘之后，利用喷泉的水循环作用（或利用小型水泵施压），使雨水在池中产生循环，自动氧化曝气，消除某些化学物质或菌类，以达到自净的目的。

2）机械和物理净化处理方法。在储水池进水口处安装雨水净化过滤装置，过滤装置是由沙石、骨料、棕榈网或土工布等材料构成，机械和物理过滤效果很好，但是不能满足化学净化处理的要求。

3）特殊化学物质处理。有些雨水会对应用对象产生腐蚀危害等负面作用，需要进行专门的化学净化处理，例如氧化沉淀法、电极分离法、碳吸附法等。这些方法都是常规的生物处理方法。处理装置和设备可在专门的制造厂家订购，或者由专门技术人员进行设计、制造和安装。

4）如果将雨水加工成更贴近人体健康的生活用水，例如洗澡、洗菜、洗衣、游泳、冲洗等，必须对雨水进行来水选择，并进行专门的深加工处理。处理过程是综合性的，首先运用前面提到的 3 种方法进行粗加工，然后利用反滤渗法、生物膜法、化学解析络合消毒法、磁化法或超声微波法等净化处理，达到国家规范规定的标准后才能应用。深层处理后的雨水成本花费高，属于商品化的雨水利用，可用于重要行业。

5. 雨水利用终端设备的构成及实施要求

雨水利用的目的不同，所需终端设备也不一样。这里对雨水利用终端设备的购置、安装和使用提出几个原则性指导意见，以供参考。

1）绿地灌溉设施。绿地灌溉需要在储水池内设置具有一定压力的水泵，将雨水泵入原有的自来水管道灌溉系统，替代自来水灌溉，喷头的喷水半径应该达到 5～15m 的距离。如果储水池内的雨水量不足，下降到一定水位时，应自动启用自来水灌溉系统。

2）雨水的生活杂用。利用雨水冲洗公共厕所、运动场馆或动物房舍时，需在储水池中安装核准压力的水泵和供水管，借助转换装置将管道和原来的自来水供水管连接在一起，并保持储水池一定的水压力，打开水龙头即可冲刷厕所、运动场馆、动物房舍等。如果储水池的水位下降到一定位置，则自动启动管道转换装置，自动打开自来水管道系统，继续用自来水冲洗上述固定需水设施。不过当储水池建立在厕所屋顶或较高的位置时，情况则有所不同，只需将储水池的雨水泵入屋顶水池即可，或者利用虹吸作用，直接将楼房屋顶的雨水送入厕所屋顶储水池，利用池水的压力自动放水。储水池无水时，可以利用供水转换装置，自动启用自来水供水系统。

3）利用雨水喷洒路面和形成喷景。洒水车可以直接从雨水储水池取水。喷泉用雨水的操作更简单，可将雨水直接引入喷水池内，引入的雨水只要满足喷水池的水位要求即可。

4）利用雨水清洗高层建筑物和洗车。在水质达标的情况下，清洗高层建筑物对水泵的扬程有一定要求，安装的水泵扬程要足够大于建筑物的高度；进行洗车时，要使喷枪的喷水速度达到 3m/s 以上。

6. 雨水利用工程实例及注意事项

1）雨水利用工程实例

郑州市动物园雨水利用工程是城市雨水利用技术应用成功的典型。动物园占地共计240亩，绿地140亩，雨水汇集面积16万m^2，平均年降雨量10万m^3。绿地及动物场所全部用自来水浇灌和冲洗，用水量很大。现重建了雨水收集场所，对供水系统进行了改造，采用简便的雨水汇集措施将雨水引入湖中，通过沉淀、曝气、生物作用、净化过滤等方法处理，进入用水终端，应用于冲厕、绿地灌溉、湖水保养、动物房舍冲洗和降温等，解决了用水难题。经测算，整个雨水利用系统建成后，每年节水近4万m^3，郑州市动物园雨水利用量比较如图2-7所示。

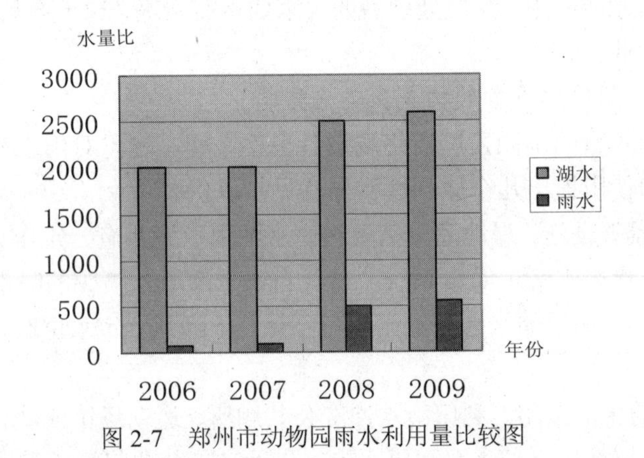

图2-7 郑州市动物园雨水利用量比较图

从图2-7可以看出，动物园雨水利用工程的经济、社会和环境效益非常高，工程对推动郑州雨水利用建设和发展，起到了很好的示范带动作用。动物园雨水利用工程有以下几个突出特点。

1）改造新型路面，直接收集雨水。为了尽可能多地收集雨水，动物园将园内的道路全部进行重新整修，修建成鱼脊式道路（见图2-8、图2-9）。每年沿着道路流入湖中的雨水接近6万m^3。重修的道路和原来的道路有较大的差别，除路面高于地面外，沥青路面有良好的透水性，既有利于行人，又可满足雨水向地下的渗透。

2）雨水入湖，改善了景观。路面改造以后，进入湖内的水量不但明显增加，而且改善了动物园的景观条件，增加了水域面积。

3）进行曝气，改善水质。水面上设置有喷水和曝气装置，可以使湖水产生环流作用，通过流动曝气产生生物和氧化还原净化作用，改善水质条件。

图 2-8 重修的鱼脊式沥青集雨路面

图 2-9 雨水借助鱼脊式路面进入湖内

4）用净化的雨水冲厕、绿地灌溉、冲洗动物场所和道路。通过对抽取的湖水进行净化处理，水质达标后再行利用。图 2-10 是用水泵抽取湖水，并将湖水送入雨水净化系统（见图 2-11）中，水泵和雨水净化装置是配套的，供水和水处理能力必须达到平衡。雨水处理过程是：首先将水泵入净化水箱，通过专用离心装置将水中的杂质分离掉；然后让水进入碳吸附和反渗透层，清除水中的气味和微生物等；最后进入消毒箱清除菌类，此时即完成水处理过程。

图 2-10　利用水泵将湖水送入雨水处理系统

图 2-11　雨水净化处理装置

（2）注意事项

1）雨水利用设计和施工一定要符合相关规范要求。

2）雨水利用工程有自身的特殊性，有时候是后建工程，容易破坏各类地下管线，又是大型水容器，往往存在不安全因素。因此，储水池的建立一定要避开人群聚集点、车辆行驶道路和地下管线，要有足够的电路安全保障措施。

3）雨水利用工程对质量的要求比较高，不能有漏水漏电现象和影响周边景观。

4）雨水利用工程在很大程度上是公益性项目，对工程投资、管理、使用和监督要求严格，要体现出有人投资，有人管，有人用，有人监督才行。雨水利用工程可分为市政管理、企事业单位管理和家庭个人管理3类。由于工程的权属不同，管理模式和方法也会不同，因此要落实好管理措施、制度和方法。

2.3.3 自然景观和湿地养护雨水利用技术模式

城市湿地是建设生态城市的基本保证，是保持城市居民身心健康的基本措施，凡是湿地环境保护和建设好的城市，社会和经济发展一定占有优势。人们一定不能忽视城市湿地的建设，更不能破坏城市湿地。下面提出建设城市自然景观和湿地养护的雨水利用工程技术模式。

1. 城市自然景观和湿地养护用水雨水收集区的确定

自然景观和湿地养护雨水供水区比较复杂，河道两侧和湖塘周边是最便捷的雨水补给区。为了保护湿地，免遭灭顶之灾，并发挥湿地在城市内不可替代的作用，可将其他地区（如广场、小区、街道和雨水排水网内）的雨水引入湿地，必要时甚至还可以将其他流域的雨水引进湿地，以保持湿地内有足够的水体，营造和提升城市的生命力。

2. 湿地引水方法

为了建设好城市湿地，应采取有效方法将雨水引入河道、湖塘等湿地内，必须解决好雨水进入河道和湖塘的通路问题。目前，我国的许多城市为了“整容”，形成了“两断”局面，几乎将过市河流的河岸、河床和湖塘边岸全部进行了硬化处理，致使雨水无法进入河道及湖塘内，割断了雨水和湖塘、河道的联系，切断了河床和地下水的联系，违背了水循环和生态循环的规律，造成河道净化能力减弱，使湿地完全失去了亲水边岸的和谐特征。郑州市东风渠就是典型例子（见图2-12）。

图2-12 东风渠边岸硬化造成的不利后果

为此，必须加以纠正或者改进。方法是在河道两岸加筑引水浅沟和净化过滤带，将雨水引入河道和湖塘中，改造的具体位置应根据实际情况，进行现场计算和测量，原则上是沿河道岸边每 1000m 建立 1 条 100m 的过滤进水带，并逐步拆除硬化的边岸，使之形成亲水边岸和友好河道。

3. 建立市区小型河道梯级拦水坝，增加湿地养护能力

凡是过市的河流或溪流，应该设置若干梯级挡水坝，坝型、坝高可按 5～10 年一遇洪水计算确定。通过水坝留住一部分雨水或河水，保持城市的生态和谐。实际上，有些城市已经开始这样做了，例如洛阳市的龙门石窟游览区、南阳市的几条过市河流以及济源市的溴河等。人们已经意识到修建梯级小型拦水坝的重要性，此举对湿地保护效果明显。

4. 制定相关政策

通过完善的政策法规保护水资源，严禁向城市天然水体排放任何污水或其他污染物质。

5. 利用雨水建立人工景观的技术改造实例

利用雨水建立人工景观水池是城市雨水利用的技术模式之一。为了科学合理地开发利用雨水资源，济源职业技术学院在这方面进行了雨水利用工程改造。校园东区的路边休闲池已经改造完毕，并计划改造另外 3 个人工景观水池，将原水池的自来水供给改建为以雨水为主的供水模式。

2.3.4 消防雨水利用技术模式

把雨水用于消防是建设节水社会、开发利用水资源新途径的有效措施之一。但是，消防对雨水的要求比较特殊，雨水用于消防时，必须解决好以下几个问题。

1. 雨水的水质标准

不同的行业对消防用水的要求是不同的，有些行业不能用水预防火灾，更不能用雨水灭火，例如化学制品制剂企业、高科技产品制作和组装企业、放射性物质生产企业、精密仪器生产企业、深加工企业，以及医院、特殊研究单位等。因为水会对企业生产及产品造成危害，甚至变成二次灾害，损失会比火灾还大。上述企业往往应用专门的消防材料。因此，雨水的应用方向是学校、宾馆、酒店、餐厅、大型商场、公共娱乐场所，以及居民小区等。即便这样，雨水的水质必须满足生活杂用水的水质标准。储水池留有检测孔，要定期检查储水池中的雨水是否符合要求。

2. 储水池的位置选择

由于对消防车的行走、停靠有专门的要求，储水池的位置选择应该尽可能方

便消防车的行动和有利于救火。在雨水能充足供给的条件下，储水池尽量建在上面提到的可能发生火灾的7类单位附近，储水池的位置应有利于消防车的停靠、运行、转弯和取水等。

3. 加设消防池标识牌

建设雨水消防池时，附近必须有明显的消防栓标志和消防池标识牌，标识牌能够详细说明储水池的水量、水质、检测和取水方法，以及消防对象。

4. 雨水消防池建设实例

河南省信息工程大学建成的第一个雨水防火储水池，其雨水来源于附近道路的积水。该学校门口的一条马路经常积存雨水，一到下雨天就影响交通和安全。为此，在学校的教学和实验楼附近建成了一个消防用储水池，如图2-13所示。储水池处于比较开阔的地带，有“消防取水处”标识和标识牌，有对雨水水量、来源、水质、雨水加工过滤方法、防火对象以及检测装置等的说明。

图2-13 封闭式地下雨水消防池

2.3.5 补源回灌和道路渗透雨水利用技术模式

1. 补源回灌雨水利用技术

利用雨水补充地下水是很早就有的方法，日本东京为了防止由于超强开采地下水引起的地面沉降，自20世纪50年代末开始，利用地表水回灌地下水和抬升地面，其中包括用雨水进行回灌。我国的上海、北京和长三角地区，为了消除已经形成的地下水降落漏斗和防止地面沉降，自20世纪70年代开始学习日本的经验，用地表水包括雨水进行地下水回灌。随着城市水资源紧缺形势的不断加剧，运用地表水或自来水回灌已经成为高成本的花费项目，其他再生水的应用又有较大的污染风险。因此，利用雨水进行补源回灌已经成为人们优先考虑的可取措施。运用雨水进行补源回灌在技术上应该解决几个关键问题，需要遵循一定的技术模式。

（1）选择确定补源回灌区范围。

补源回灌的目的是消除地下水降落漏斗和地面沉降，抬高地下水位，使之保持在合理的水平上。要通过定量的调查分析和评价确定地下水是否需要补充，应该补充多少水量，需要补充多长时间，以及额定补源强度等。

（2）核算与检验补源回灌的雨水水量和水质。

为了合理补源回灌，要事先检查、计算补源回灌区的雨水水量，要有足够的雨水可利用，水质要达到生活杂用水的标准，能满足地下水回灌的要求。

（3）确定补源方式、方法和措施。

补源回灌地下水的方式方法很多，可利用市区的坑塘、湖坝、河道、废井，以及专用渗井等。渗井主要是把雨水通过渗井方式将雨水输送到某一指定的含水层位，达到回灌预期效果。

（4）检查补源效果。

检查补源效果的主要方法是测量地下水水位，测量地面回升的尺度。一般要求地下水水位通过补源能够达到一定的高度，既不能产生盐渍化，又能够消除不利于植被生长的地下干化层。

2. 道路雨水补源渗透技术

利用人行道透水路面回灌地下水是一种有效的补源回灌方法，应该积极推广应用，然而关键是建设怎样的透水路面。目前普遍采用的透水路面建设方法是铺设荷兰砖，也叫渗水砖（实际上荷兰砖只起渗水作用，不起透水作用）。为了真正解决建设透水路面问题，本书作者所在雨水利用研究小组在两三年前就已经研制了一种新型的三维透水砖。该透水砖的特点、功能及使用方法简介如下：

新型三维透水砖是室外路面、广场第四代标志性换代产品，具有良好的透水性，各种强度指标和规格完全满足建筑规范和工程质量要求。砖的材料组成与普通砖材相同，只是砖的四个侧面是侧斜或部分侧斜的。新型透水砖包括顶面、底面和侧面，其特征在于侧面有向内的倾斜面，倾斜面的长度与其在侧面的长度相同，倾斜角 5°～50° 以上，倾斜面可以是一个、多个或全部侧斜，侧斜面的起点线在顶面上、中部或任意一点，终点止于地面。砖的外形及结构如图 2-14、图 2-15 所示，外形可以是多边形、长方形或菱形，大小可以调节控制。当透水砖铺在地面时，相邻砖之间会形成相互连通的通水网络，使雨水沿着网络通道流向预期的任何地方，例如输（排）水管、沟或储水池。砖的透水性良好。根据实际需要，侧斜式新型三维透水砖可以加工成各种颜色。施工方法和步骤与普通砖没有什么区别。

图 2-14　三维透水砖外型

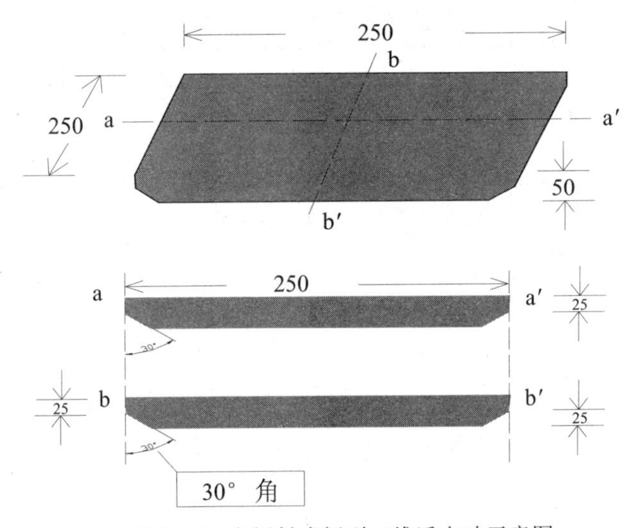

图 2-15　半侧斜式新型三维透水砖示意图

该新型三维透水砖的厚度与普通砖一样，但是具有水的渗透传输和储存功能。由于有侧斜面，减少了材料的消耗量，每块砖能够节约 29%的原材料、25%的能源和 30%的水。应用该种透水砖，宏观上能够减少对国土资源的挖掘和对环境的破坏；有效恢复和保持地表水与地下水之间的良性补排关系，减少地下水的地质环境问题；减少或消除城市洪灾；消除城市降落漏斗和地面沉降；减少城市排水管网的负荷；减少城市污水处理厂的污水处理负荷；涵养地下水和生态。

该三维混凝土透水砖目前已经达到完全实用的成熟阶段，已在部分人行路面上进行铺设应用，美观、实用、环保的透水砖是建立节水、生态和环保城市的首选砖材。

透水砖铺设的轻型车透水路面（如图 2-16 所示）由三维透水砖和透水混凝土垫层两部分构成，底部有 2cm 的水泥沙料混合垫层，混凝土路面总厚度 15cm，其中上部厚 8cm。施工方法和普通路面基本相同。它的最大特点是能够透水，在降雨强度为大到暴雨（40mm/h）时，地面不会产生径流，同时可以通过某种方式将雨水收集起来加以利用。

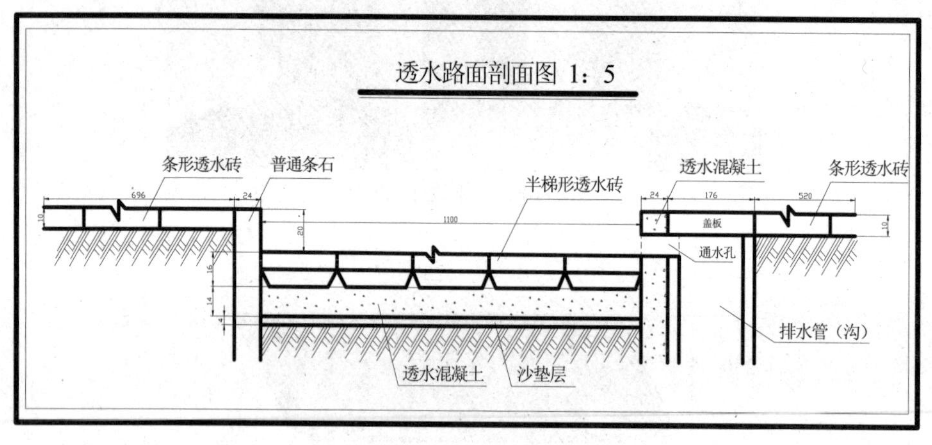

图 2-16 透水路面铺设断面示意图

该透水砖已经应用于郑州市部分地区的道路铺设，建成的透水路面每年可集雨节水上千万立方米，直接减少洪灾损失 1 亿元人民币以上，每年综合效益达 2 亿元人民币以上。

新型三维透水砖是室外路面、广场用砖材的第四代标志性龙头产品，具有极好的市场发展前景。1 台机器制砖设备、7 名员工可年产透水砖 100 万 m^2，年产值 2200～3200 万元，成本不到年产值的 1/5，利税 1500 万元/年以上。

2.3.6 城市雨水利用技术模式的推广

1. 城市对雨水的积极需求

随着城市发展规模的迅速扩大和城市生活质量的不断提高，对水资源的需求量越来越大，需求的范围也越来越广。原本水资源就紧缺的城市，显得更加紧缺。为了缓解用水矛盾，雨水作为一种取之容易的廉价便捷资源，人们很容易把关注的目光投向雨水资源。从前面提到的几种雨水利用技术模式可以看出，雨水的用途多种多样，应用范围广泛，随着对雨水资源开发利用认识的提高，人们会越来越重视对雨水资源的开发利用。

2. 技术推广的可行性

雨水利用技术研究已经进行了多年，自21世纪以来，我国多个行业和学科对雨水利用技术进行了系统研究。本书提出的雨水资源开发利用技术模式，是在实践和前人研究的基础上进行的总结和技术完善，雨水利用技术已基本成熟，并进行了后续的阶段性推广。为保证雨水利用技术的全面推广和工程的顺利实施，取得预期的经济、社会和环境效益，国家和各级地方政府也制定了相关政策法规。雨水利用技术和模式的推广有保障、可操作、推广潜力大。

3. 雨水利用技术的推广内容和范围

本书提出的不同雨水利用技术模式，具有比较广泛的适用性特点。从实施城市节水战略、建立节水和生态型城市考虑，国、内外提供的经验和做法表明，不管是多雨城市、干旱城市、大中型城市，还是小城镇，都可以借鉴上面提出的多种雨水利用技术模式。

（1）推广可以借鉴的国外雨水利用战略模式。

1）国外的雨水利用战略措施适用于中国的天津、青岛、烟台、上海、北京等城市的地下水调控技术。借鉴荷兰的雨水利用战略调控模式，解决我国这些城市的海水内侵及不同水质的含水层相互串水问题。

2）美国的全民普及科学利用雨水方法模式，完全可以用于我国城市和乡村的千家万户。

3）我国有不少大中城市处于地震频发带上，有些城市和地区会遇上大旱之年，可利用储水池储蓄雨水，以备灾年。

4）德国把雨水深加工变成商品，出售给当地政府；日本把加工好的雨水海运到阿拉伯国家，然后换回石油，一举两得。我国应该借鉴这些国家雨水资源的商品化措施。

（2）雨水利用微观技术模式的推广应用。

在本章提出的多种雨水利用技术模式中，所有模式均适用于沿黄河流域的70多个城市，也适用于我国北方地区的干旱城市；从人与自然和谐的角度考虑，同样适用于我国南方地区的各个多雨城市。深圳市已经在城市雨水利用工程建设方面做出了成绩，提供了许多实践经验。

第三章　城市雨水利用规划

在城市发展和建设节水型城市和和谐社会方面，城市雨水资源的地位越来越重要，国内外的许多城市已经取得了相当丰富的研究成果和实践经验。实践表明，城市雨水资源的开发利用规模和程度越来越大，与其他行业和领域的联系越来越密切，与城市居民的生活越来越贴近。例如市政建设、环境保护、商业发展、水资源开发、各种行业服务等都和雨水利用密切相关。因此，雨水资源的开发利用不能零敲碎打，更不能特立独行，必须将城市雨水资源的开发利用纳入城市发展建设的总体规划，提出合适的城市雨水资源开发利用规划和技术模式，这是目前雨水资源开发利用中迫切需要解决的问题。

本章给出雨水利用的规划目标、规划原则、规划内容和方法，供研究参考。

3.1　城市雨水资源开发利用规划目标

雨水是可开发利用的宝贵资源，要紧密结合城市化建设、城市绿化和生态建设需求，充分利用雨水渗蓄工程、防洪工程（如拦河坝工程）和各种建筑物，广泛采用透水铺设、绿地渗蓄、储水池等设施，科学有效地将雨水就地截流利用，或补给早已被人为切断了联系的地下水，增加地下水源地的供水量，发挥其最佳效益，实现雨水资源的合理利用、科学利用和灵活利用的目标。

3.2　城市雨水资源开发利用规划原则

1. 同步规划和统一规划原则

传统的城市总体规划编制做法已经十分落后，仅仅将城市雨水直接快速就近排入周围水体（如渠道、河流、水库、海洋等）。其后果既加大了城市排水负荷，造成大量水资源浪费，严重污染水环境，打破了地表和地下水的均衡循环，也不符合资源节约和可持续利用原则。

在城市发展和建设节水型、生态型城市方面，雨水作为一种重要资源，越来越显现出它的重要作用，必须把雨水资源的开发利用同步纳入城市规划的统一编制中，体现政府调控城市空间资源的重要公共性。城市雨水利用是一项系统工程，应融入城市建设总体规划中，将城市雨水利用与城市建设、水资源优化配置、生态建设统一考虑，将集水、蓄水、处理、回用、入渗地下、排水等纳入城市建设的各个环节，避免频频发生的城市道路“开膛破肚”、修修补补和没完没了的城市排水系统改造等劳民伤财的不合理现象。

2. 城市雨水资源的系统规划原则

系统规划就是把雨水利用系统、雨水排水系统、污水排放系统和城市规划建设形成统一的系统，进行综合考虑。

（1）在城市详细规划和建设中，把雨水利用系统、防洪和排水系统、污水排放系统以及城市过境河（渠）道形成统一的布局。

（2）雨水的利用要有利于绿地灌溉和养护，并采取有效雨水截流设计，保留或设置有调蓄能力的水面、景观和湿地等。

（3）在新区或新城建设中，要采取有效措施使雨水截流量呈最佳应用状态，在时间上进行一期、二期、三期工程规划，最终达到或超过现状截流量。

（4）逐步减少不透水面积。新建人行道、停车场、公园、广场等需要铺装的地面，应采用透水性良好的砖材；必须采用不透水面的地段，要尽量设置截流、渗滤设施，减少雨水外排量。

（5）公共绿地、小区绿地、事业单位和企业内，以及公共供水系统难以提供消防用水的地段，根据需要量设置一定容量的雨水储水系统。

3. 机动灵活和多样性原则

实践表明，雨水利用具有很大的随机性和多样性特点，这与降雨分布、降雨过程和历时的随机性和不确定性是一致的。在已经修建的雨水利用工程中，还没有完全一样的工程，没有统一的工程建筑模式。因此，应特别注意雨水利用的机动灵活和多样性，不要一刀切或坚持采用一个工程模式。

4. 安全和质量第一原则

雨水利用过程存在安全和用水质量问题，储水池的放置位置和水质变坏是问题的隐患，应该按照相关规程和规范设置储水池的位置、大小和密封牢固性要求。雨水水质因来源不同而不一样，一定要按照用水水质标准进行水质处理，同时注意储水池本身的水质安全防护，避免滋生引发疾病的菌虫类。

5. 紧密结合原有工程原则

雨水利用工程技术碰到的最大问题是，绝大部分工程都是与已经建成的建筑设施结合，即便新建或拟建工程建筑，在雨水利用工程与城市建筑物同步实施方面，由于过去没有法律约束规定，以往的建筑设施不附设雨水工程，因此，雨水工程建设和实施要紧密结合城市原有各类工程建筑。

6. 开发、需求、投入、受益的一致性原则

雨水利用工程建设要依据规范要求，进行效益分析和预测。有些不需要建立雨水工程的地方，或者用户没有认识到利用雨水资源的意义时，不能在没有法律依据的条件下专门建立雨水工程，坚持“谁开发谁受益、谁投入谁受益、谁受益谁付款”的原则。

以上 6 个原则是本书项目组在雨水利用工程建设实践中，通过实践和总结已有工程模式确定的基本原则。

3.3 城市雨水利用规划方法

在进行雨水开发利用规划时，除了贯彻上述 6 个基本原则之外，由于雨水利用的复杂性和多样性特点，不能套用一个模式，可以根据不同的应用目标、准备条件以及规划的时段性特点进行分类规划。

3.3.1 按照雨水应用目的进行分类规划

按照应用目的进行的分类规划包含以下几个方面：①绿地灌溉雨水利用规划；②环境改善雨水应用规划；③城市湿地保护雨水应用规划；④河流净化和生态修复雨水应用规划；⑤地下水水位恢复和调控雨水应用规划；⑥城乡居民雨水应用规划。

3.3.2 按照时间阶段目标进行规划

按时间目标进行的规划，包含了近期、中期、远期三个不同的时间阶段。制定具体规划需要按照规范进行。本书提出的郑州市和济源市的雨水利用规划，是从研究理论和技术角度提出的一种可行性研究，非政府或部门制定的雨水利用规划，可作为政府未来规划决策的基础。

3.3.3 按照雨水应用功能要求进行规划

由于规划有大小之分，既有中长期和近期规划，又有综合和单项规划等。按照雨水的功能制定规划，可以灵活地制定出单项的、局部的、立见成效的小型规划。例如绿地灌溉规划、雨水生活杂用规划、回灌和湿地养护规划等。

为把雨水资源开发利用规划做得更加科学合理、符合实际，这里提出一个雨水应用方向和功能分类表（见表 3-1），供制定规划时参考。

表 3-1 雨水利用方向和类别

<table>
<tr><th>分类</th><th colspan="3">方式</th><th>主要用途</th></tr>
<tr><td rowspan="10">雨水直接利用</td><td rowspan="5">按区域功能不同</td><td colspan="2">生活区</td><td rowspan="10">绿化灌溉
喷洒道路
冲洗车辆、厕所
冷却循环
景观补充水
地表水补充水源
其他</td></tr>
<tr><td colspan="2">工业区</td></tr>
<tr><td colspan="2">商业区</td></tr>
<tr><td colspan="2">办公区</td></tr>
<tr><td colspan="2">公园、学校等公共场所</td></tr>
<tr><td rowspan="3">按规模和集中程度不同</td><td>集中式</td><td>建筑群或区域整体利用</td></tr>
<tr><td>分散式</td><td>建筑物单体雨水利用</td></tr>
<tr><td>综合式</td><td>集中与分散相结合</td></tr>
<tr><td rowspan="2">按主要构筑物和地面的相对关系</td><td colspan="2">地上式</td></tr>
<tr><td colspan="2">地下式</td></tr>
<tr><td rowspan="8">雨水间接利用</td><td rowspan="8">按规模和集中程度不同</td><td rowspan="2">集中式</td><td>干式深井回灌</td><td rowspan="8">渗透补充地下水</td></tr>
<tr><td>湿式深井回灌</td></tr>
<tr><td rowspan="6">分散式</td><td>渗透检查井</td></tr>
<tr><td>渗透管（沟）</td></tr>
<tr><td>渗透池（塘）</td></tr>
<tr><td>渗透地面</td></tr>
<tr><td>地势绿地</td></tr>
<tr><td>雨水花园</td></tr>
<tr><td>雨水综合利用</td><td colspan="3">回收与渗透相结合；利用与洪涝控制、污染控制相结合；利用与景观、改善生态环境相结合等</td><td>多用途、多层次、多目标；城市生态环境保护与改善，可持续发展的需要</td></tr>
<tr><td>分期利用</td><td colspan="3">短期、中期和长期规划</td><td>综合应用</td></tr>
</table>

3.4 城市雨水资源开发利用规划要求

对于规划的制定应有一定的内容和格式要求，主要内容和要求应包含以下 8 个方面。

1. 选取适合于本区的技术和规划模式

（1）对城市区域地质和地理条件进行勘察，将储水设施设置在易于积蓄雨水的地方。

（2）进行城市区域水环境、用水量分析，将储水池设置在须改善水环境及用水量较多区域。

（3）对城市区域的建筑物、硬铺盖、绿地等的面积和用途进行划分。根据集雨区域的不同，分别进行雨水的收集。

（4）绿地等可设置在大型建筑物周围，直接利用建筑物的排雨管收集雨水。

（5）对于初期雨水径流进行简单处理，可按照不同的用水等级分别进行处理。

（6）雨水和其他水源混用的技术方法。雨水和其他水源工程结合，实行混合供水、用水。

雨水的利用不能采取统一的技术和利用模式，应该依据当地的实际情况，采取不同的规划和技术方法。

2. 准确确定雨水资源量、可开发利用量等

雨水利用规划必须建立在准确计算雨水利用量的各项数据之上，要分区核算区内雨水资源量、可开发利用量以及不同降雨频率条件下雨水的最大和最佳可开采量。

3. 按照规范和政策条例提出的要求进行规划

雨水利用规划和条例是雨水资源开发利用的指导原则，要严格执行。通过相关条例、规范的指导，才能形成规范化、程序化、标准化的规划设计，才能把好质量关、安全关、效益关。

4. 储水设施的设计类型可以多样化

规划设计中，储水设施的大小形状和类型各异。依据雨水的来源、水量和需求的多少，储水设施的大小可以为 1500m^3、1000m^3、900m^3、500m^3、200m^3、100m^{3}不等，有的还可设计成 50m^3 的小池子。储水设施的结构和形状可以是长方体或圆柱型钢筋混凝土、素混凝土或砌块抹面储水池，一般以长方体储水池居多，也可建立以雨水作为水源的人工湖、湿地、河渠、塘坝等。

5. 保障水质安全，配备雨水简易净化装置

有些储水池要设立简易过滤装置和检测孔，以保证雨水的水质安全和设施不被破坏。

6. 体现雨水用途的多样性

在雨水资源的利用中，应体现多样性特点，可将收集到的雨水用于绿地灌溉；可用于人工湖的水源补充；用于清洗运动场和家属区的居民冲厕；用于居民楼消防和养鱼；用于建筑物的清洗保洁、喷洒路面和洗车，甚至厨房洗涤用水等。总之，雨水的利用应讲求实效和灵活多样。

7. 坚持雨水和其他水源混用的技术方法

在雨水利用规划过程中，可以和其他水源工程结合，实行混合供水。例如洗澡堂、游泳池排出的循环废水，可以在处理后和雨水共用。

8. 存在污染环境的地区雨水利用应慎重

有特殊污染源的医院、化工、制药、金属冶炼和加工企业等，在建设雨水收集利用设施时，建设单位应当召开有相关行政主管部门参加的专题论证会，保证水质安全。

3.5 城市雨水利用规划的主要内容

城市雨水利用规划原则上应当包含以下 11 项主要内容：

（1）调查分析规划城市的基本情况。

（2）调查分析规划城市的水资源状况。

（3）城市雨水资源分析预测。

（4）雨水利用规划编制依据。

（5）雨水利用规划范围、目标和时段划分。

（6）城市雨水利用功能分区。

（7）城市雨水可利用量、最大开发量和最佳利用量预测。

（8）城市雨水利用的分类规划措施：

①绿地灌溉雨水开发利用；

②雨水补源、回灌开发利用；

③生活杂项雨水开发利用；

④城市湿地修复和景观改善雨水开发利用；

⑤雨水的综合开发利用。

（9）城市雨水利用的典型设计。

（10）投资估算、经济分析及资金筹措。

（11）规划的时段安排。

为了使城市雨水资源利用技术方法、规划内容和相关要求更加具体化，下一章将给出郑州市雨水利用规划的范例，以供参考。

第四章　郑州市雨水利用规划

4.1　郑州市基本情况

4.1.1　自然地理

郑州是河南省省会，位于河南省中部偏北，东经 112°42'～114°14'，北纬34°16'～34°58'，北临黄河，西依嵩山，东南为广阔的黄淮平原。总面积 7446.2 km^2，其中市区面积 1010.3km^2，截至 2008 年底，全市建成区面积 328.6km^2（含上街区26.6 km^2）。

郑州地形地貌复杂，横跨我国第二级和第三级地貌台阶。地形总体上由西南向东北倾斜，形成高、中、低三个阶梯，由中山、低山、丘陵过渡到平原，山区丘陵与平原分界明显。中山区海拔 1000m 以上，其中嵩山少室山主峰 1494m；低山区海拔 400～1000m；丘陵区海拔一般为 200～400m；平原区海拔均在 200m 以下，其中大部分在 150m 以下。全市山区面积 2377km^2，占总面积的 31.9%；丘陵区面积 2255km^2，占总面积的 30.3%；平原面积 2815km^2，占总面积的 37.8%。

根据地貌特征和成因，全市可划分为 5 个地貌小区。

（1）东北平原洼区。从北郊邙山头起，沿京广路至市区，再往东南与中牟卢医庙、黄店联线以东以北，面积为 1383.6km^2，地面高程 75～100m。由于历史上黄河多次泛滥，河道变迁，形成黄河冲积扇形平原洼区，该区水利条件优越，也是全市渔业生产基地。

（2）东南沙丘垄岗区。沿京广铁路以东至郑州、黄店联线，由黄河泛滥时携带的沙土经风力搬运遇障碍物堆积而成。区内地面起伏大，岗洼相间，地势小平大不平，地面高程 100～140m，面积共 582.5km^2。该区丘间洼地浅平，雨季有积水现象，土质为耕作区砂壤土。

（3）冲积倾斜平原区。沿京广铁路以西，西南山地丘陵以东地区，是山地向平原的过渡地带，由季节性河流堆积而成。地面高程 100～200m，地势由西南向东北倾斜。该区面积 1046.3km^2，水利条件尚好。

（4）低山丘陵区。包括登封，巩义、新密大部，荥阳南部、市区北部黄河南岸，以及市区西南和新郑小乔、千户寨以西地区，面积为 2527.4km^2。区内冲沟发育，沟壑纵横，沟深 30～60m，呈“V”字形状。地面起伏很大，高程 200～700m。该区水利条件差，干旱缺水，造成人畜饮水困难，作物产量低下。

（5）西南部群山区。主要指登封、巩义、荥阳、新密、新郑五市边界之间，由嵩山、箕山、五指岭诸山组成，海拔 300～1500m。该区荒山薄岭，植被很少，水土流失严重，不宜耕作，面积为 1239.6km^2。

郑州属北温带季风气候，春旱多风、夏炎多雨、秋凉晴爽、冬寒干燥，四季分明，年平均气温 14.4℃；7 月最热，平均气温 27.3℃；1 月最冷，平均气温 0.2℃；无霜期 220 d，全年日照时间约 2400h。全年平均气温为 14.2℃～14.6℃。

4.1.2 社会经济

郑州是河南省的政治、经济、文化中心，辖 12 个县（市）、区，其中 1 个县、5 个县级市、6 个区。至 2008 年末，全市总人口 743.6 万人，其中女性 359.9 万人，城镇人口 463.5 万人，非农业人口 307.7 万人。

郑州自然资源丰富，已探明矿藏 34 种，主要有煤、铝矾土、耐火粘土、水泥灰岩、油石、硫铁矿和石英砂等。其中煤炭储量达 50 亿吨，居全省第一位；耐火粘土品种齐全，储量达 1.08 亿吨，约占全省总储量的 50%；铝土储量 1 亿余吨，占全省总储量的 30%；天然油石矿质优良，是全国最大的油石基地之一。

郑州是我国公、铁、航、信兼具的综合性交通通信枢纽。京广、陇海两大铁路干线在此交汇，与京九、焦柳、月石、平阜等铁路构成“三纵三横”干线框架。郑州拥有 3 个铁路特等站，北站是亚洲最大的列车编组站，东站是全国最大的零担货物中转站，郑州火车站是全国最大的铁路客运站之一；郑州还是全国 7 个公路主枢纽城市之一，京珠、连霍两条高速，国道 107 线和 310 线以及境内 16 条公路干线，辐射周围各省市。目前，郑州拥有铁路一类口岸和航空一类口岸各 1 个，铁路二类口岸和公路二类口岸各 1 个，货运在郑州可联检封关，直达国外，开通了郑州－香港直达集装箱专列，新郑国际机场与国内外 30 多个城市通航。

郑州盛产小麦、玉米、大豆、水稻、花生、棉花、经济林果等作物和苹果、梨、红枣、柿饼、葡萄、西瓜、大蒜、金银花和黄河鲤鱼等农副土特产品。中牟、新郑、荥阳是全国重要的粮食基地县。

郑州是全国纺织工业基地之一和全国重要的冶金建材工业基地。氧化铝产量占全国一半左右，在纺织、机械、建材、耐火材料、能源和原辅材料产业上具有明显优势，形成了以有色金属、食品、煤炭、卷烟等为主导产业的工业体系。

郑州商贸发达，是国务院确定的 3 个商贸中心试点城市之一，拥有一大批高档次、多功能的大型商贸设施和辐射全国的商品集散市场；每年举办各类全国性、区域性、专业性交易会、博览会、洽谈会上百次；国内外万余家商贸机构在郑州设有办事处或经营场所。

2008 年，郑州全年完成生产总值 3004 亿元，比上年增长 12.2%，人均生产总值 40617 元，增长 10.7%。其中第一产业增加值 94.7 亿元，增长 5.6%；第二产业增加值 1659.5 亿元，增长 14.8%；第三产业增加值 1249.8 亿元，增长 9.2%。三次产业结构比例为 3.2∶55.2∶41.6。粮食总产量 165.2 万吨，肉、蛋、奶和水产品产量分别为 21.9 万吨、19.4 万吨、42.1 万吨和 13 万吨。

2008 年全市城镇居民人均可支配收入 15732 元，增长 14.9%，人均消费性支出 9700 元，增长 11.3%；农村居民人均纯收入 7548 元，增长 14.5%，人均消费性支出 4575 元，增长 16.8%。

4.1.3 水资源开发利用

1. 河流水系

郑州地跨黄河、淮河两大流域。黄河流域包括巩义市、上街区全部，荥阳市、惠济区部分及中牟县、新密市、登封市少部分，面积 1830km^2，占全市总面积的 24.6%。淮河流域包括新郑市、中原区、二七区、管城区、金水区全部，新密市、登封市、荥阳市、中牟县和惠济区的大部，面积 5616.2km^2，占全市总面积的 75.4%。全市有大小河流 124 条，流域面积较大的河流有 29 条，其中黄河流域 6 条，淮河流域 23 条。黄河、伊洛河过境，黄河花园口站多年平均过境水量 444.1 亿 m^3，伊洛河黑石关站过境水量 31.4 亿 m^3。

（1）黄河水系。黄河由巩义市康店镇曹柏坡入郑州境内，经巩义市南河渡、河洛镇，荥阳市汜水镇、北邙乡、广武镇，惠济区古荥镇、花园口镇和中牟县万滩、东漳、狼城岗乡入开封市境。黄河干流在郑州境内长 150km，流域面积 1830km^2，堤防长度 71.422km。黄河在郑州境内的主要支流有伊洛河、汜水河和枯河。

1）伊洛河。黄河的主要支流之一，由洛河和伊河组成，总长 447km，流域面积 1.91 万 km^2，在巩义境内河长 37.8km，流域面积 803km^2。伊洛河上游在伊河和洛河分别建有陆浑水库和故县水库。伊洛河在郑州境内的主要支流有登封市逛水河和巩义市干沟河、坞罗、后寺河、东泗河、西泗河。建国以后，先后在支流上建成宋窑、赵城、坞罗、后寺河、凉水泉等中小型水库 10 余座，在农田灌溉和乡镇供水方面发挥了显著效益。

2）汜水河。黄河支流，总长 42km，流域面积 560km^2。据 1956 年屈村水文站实测，该河年正常流量 0.58～2.23m^3/s。1975 年，修建胜利渠，设计引水流量 2m^3/s，灌溉荥阳农田 2 万亩；1994 年，在胜利渠上建黄淮泵站实施跨流域引水，将汜水河水输入淮河水系索河上游的楚楼水库，年引水量 250 万 m^3。

3）枯河。黄河支流，全长 40.6km，流域面积 250.4km^2，河水正常流量 0.2～0.3m^3/s，遇干旱易断流。

（2）淮河水系。淮河流域在郑州境内的主要支流有贾鲁河、双洎河、颍河、运粮河等支流。

1）贾鲁河。淮河二级支流，由古鸿沟、汴水演变而来，全长 246km，流域面积 5896km^2，其中郑州境内河长 137km，流域面积 2750km^2，多年平均径流量 2.99 亿 m^3，是郑州市区和中牟县的主要排涝河道。

2）索须河。贾鲁河的主要支流，淮河三级支流，全长 23km，流域面积 557.9km^2，是荥阳市和郑州北部的泄洪排涝河道之一。建国后，索须河上先后修建丁店、楚楼、河王等中小型水库 10 余座，发展农田灌溉 3 万余亩。

3）七里河。贾鲁河支流，淮河三级支流，全长 63.8km，流域面积 741km^2，是新郑市北部和郑州市郊的一条排涝河道。

4）东风渠。1958 年为发展引黄灌溉而开挖的人工河，干渠全长 26.2km。原计划引水 300m^3/s，灌溉郑州郊区、中牟、尉氏、扶沟等地 806 万亩耕地。1962 年停灌后，成为郑州的一条排涝河道。目前，索须河、贾鲁河以北渠道已经废除，首端从皋村闸开始，末端至七里河，全长 19.7km，有金水河、熊耳河等支流注入，控制流域面积 191.9km^2。1995－2000 年，郑州市政府对东风渠进行清障、疏挖、护砌，取得明显效果。

5）双洎河。贾鲁河支流，淮河三级支流，由洧、溱两水汇流而得名，流域面积 1758km^2，河宽 30～50m。郑州境内河长 84km，流域面积 1338km^2，河道基流 0.5～2m^3/s。

6）颍河。淮河一级支流，总长 557km，流域面积 39890km^2。登封境内河长 57km，流域面积 1037.5km^2，河床宽 20～300m。

7）运粮河。涡河水系的主要支流，淮河二级支流，全长 68.9km。中牟县境内河段长 12.8km，流域面积 112.9km^2。

8）金水河。东风渠支流、淮河三级支流，发源于郑州市二七区侯寨乡老胡沟，东北流向，金海水库以下入郑州市区，经燕庄至金水区八里庙入东风渠。目前，河道被违规建筑截断，市区内起点在航海路与工人路交叉口附近。市区内河道全长 14.39km，流域面积约 42.95km^2。市区段河道经治理后，底宽 20～

30m。金水河不仅是郑州市区的主要排水河道，而且是市民休闲游玩的好去处。1999年郑州市投资1亿多元，对金水河两岸进行了绿化、美化，建成了滨河公园，成为郑州市区一道靓丽的风景线。金水河下游八里庙闸以下尚有1.9km河道未治理。

2. 地下含水层

郑州位于嵩山隆起与华北沉降带的交接地带，地处荥巩背斜倾伏端。因区内被第四系所覆盖，其构造形迹均呈隐伏状态。根据卫星图片影像及物探资料推断，主要构造为断裂活动，尤以北西向和近东西向两组为主。

浅层水含水层组一般埋深50～70m，西部埋藏较浅，东部埋藏较深。浅层地下水含水层组下部由一组亚粘土或亚砂土弱透水层与下伏含水层相隔，弱透水层厚25～45m。按赋存条件、岩性特征，可分为：①砂、砂砾石为主的孔隙水，分布在京广铁路以东及陇海铁路以北的黄河冲积平原区；②砂及黏土孔隙水，分布在沟赵、十八里河、南曹一带的塬前冲洪积平原区；③黏土、黄土类裂隙孔隙水，分布在西南三李及邙山的黄土台塬区。

郑州中深层地下水分布于第一个较为稳定的隔水层之下。含水层顶板埋深50～100m，华北水利水电大学一带最深近150m。底板埋深西部为220～280m，东部为300～380m。

深层地下水含水层组由10余层上第三系细砂、中砂及粗砂组成，厚130～190m。含水层顶板埋深230～450m，西部浅，东部深，底板埋深西部为400～700m，东部为750～800m。

3. 水资源量

郑州多年平均年降水量640.9mm，降水量时空分布不均：夏季多雨，汛期7～9月三个月占年降水量的60%左右；冬季少雨雪，降水量仅占年降水总量的4%～5%；年际间变化较大：1964年年降水量1054.2mm，比多年平均年降水量多67.5%，为1951～2000年五十年间的最大量；1997年年降水量为392.6mm，比多年平均降水量少37.6%，为1951～2000年五十年间的最小量，最大年降水量是最小年降水量的2.7倍，全市平均年降水量的变差系数为0.23。

郑州多年平均产水系数为0.28，全市多年平均水资源总量为13.393亿m^3（未计算黄河过境水量），其中地表水资源量8.669亿m^3、地下水资源量8.651亿m^3、重复计算量3.926亿m^3。按流域分区计算，黄河流域水资源总量为3.074亿m^3，占全市水资源总量的23.0%；淮河流域水资源总量为10.319亿m^3，占全市水资源总量的77.0%。

郑州市全年供水量 $2.895\times10^9 m^3$，近年来伴随人口数量的突增，需水量大大增加，用水紧张已成定局。2008 年郑州市人均水资源占有量 $198m^3$，不足全省人均水资源总量的 1/2，仅占全国人均水资源量的 1/11，人均可用水量只有 $87.2m^3$。随着人口的增长，预计 15 年后郑州市每年缺水将达 9.6 亿 m^3。从人均水资源占有量来看，郑州属于当地水资源严重缺乏的地区。

4. 水资源开发利用现状

以 2003 年度数据为例，该年度郑州实际用水总量为 151459 万 m^3，其中农业灌溉用水量为 70171 万 m^3，占用水总量的 46.3%；工业（含建筑业，下同）用水量为 37120 万 m^3，占用水总量的 24.5%；城镇居民生活用水总量为 19539 万 m^3，占用水总量的 12.9%；城镇公共用水量为 3626 万 m^3，占用水总量的 2.4%；林牧渔畜用水量为 11040 万 m^3，占用水总量的 7.29%；农村居民生活用水总量为 6273 万 m^3，占用水总量的 4.14%；生态和环境用水量为 3690 万 m^3，占用水总量的 2.44%（见表 4-1）。

表 4-1 2003 年郑州行政分区用水量 万 m^3

行政分区	农田灌溉	林牧渔畜	工业	城镇公共	居民生活		生态和环境	合计
					城镇	农村		
巩义市	4663	234	7066	48	1209	1221	12	14453
登封市	1674	184	2866	180	400	801	50	6155
荥阳市	6979	555	5010	282	283	792	12	13913
新密市	2162	211	6198	215	947	953	46	10732
新郑市	2931	689	2611	278	341	692	100	7642
中牟县	33984	4577	5266	220	826	901	170	45944
郑州市	17778	4590	8103	2403	15533	913	3300	52620
合　计	70171	11040	37120	3626	19539	6273	3690	151459

2003 年全市实际用水总量中：开发利用地表水 49657 万 m^3，占 32.8%，其中蓄水工程供水量为 2700 万 m^3，引水工程供水量为 13202 万 m^3，提水工程供水量为 2624 万 m^3，跨流域调水 31131 万 m^3，占地表水供水总量的 71.8%；开采地下水总量为 101802 万 m^3，占供水总量的 67.2%，其中浅层地下水开采量为 61592 万 m^3，占地下水开采总量的 60.5%，深层地下水开采量为 40210 万 m^3，占地下水开采总量的 39.5%（见表 4-2）。

表 4-2 2003 年郑州行政分区供水量 万 m^3

行政分区	地表水源供水量					地下水源供水量			总供水量
	蓄水工程	引水工程	提水工程	跨流域调水	合计	浅层水	深层水	合计	
巩义市	278	496	442		1216	5902	7335	13237	14453
登封市	963	2371	498		3832	1505	818	2323	6155
荥阳市	545	119	537		1201	1164	11547	12711	13912
新密市	884	467	659		2010	1079	7644	8723	10733
新郑市	30	29	60		119	4531	2992	7523	7642
中牟县		7100		13000	20100	25359	485	25844	45944
郑州市		2620	428	18131	21179	22052	9389	31441	52620
合　计	2700	13202	2624	31131	49657	61592	40210	101802	151459

2003 年全市城区供水总量为 37004 万 m^3，用水总量 37004 万 m^3，占整个郑州用水量的 24.4%。其中工业用水 12095 万 m^3，占城市用水量的 32.7%；生活用水 17840 万 m^3，占城市用水量的 48.3%；公共服务用水 3379 万 m^3，占城市用水量的 9.1%；消防及其他用水 3690 万 m^3，占城市用水量的 10.0%。在分区中，郑州市区的用水量最多，为 29339 万 m^3，占全市城市用水量 79.2%；新密市用水量最少，仅为 825 万 m^3，占全市城市用水量的 2.2%（见表 4-3）。

表 4-3 2003 年城市供、用水量

城市名称	面积 /km^2	人口 /（万人）	供水量/（万 m^3）			用水量/（万 m^3）				
			地表水	地下水	合计	生活	工业	公共服务	消防及其他	合计
巩义市	18.9	28.2411	650	610	1260	140	1060	48	12	1260
登封市	42.3	15.9415	820	350	1170	410	530	180	50	1170
荥阳市	14.0	18.6030	400	997	1397	220	965	200	12	1397
新密市	24.0	22.4318	625	200	825	579	150	50	46	825
新郑市	15.7	25.9913	340	1013	1353	418	557	278	100	1353
中牟县	12.1	11.3669	0	1660	1660	540	730	220	170	1660
郑州市	212.4	274.9775	21189	8150	29339	15533	8103	2403	3300	29339
合计	339.4	397.5531	24024	12980	37004	17840	12095	3379	3690	37004

2003年郑州人均用水量为217.1m^3，万元GDP（当年价）用水量为137.4m^3，农业综合灌溉定额260m^3/亩（见表4-4）。

表4-4 2003年郑州各市（县）人均、GDP万元产值用量

行政分区名称	年用水量/（万m^3）	人口/（万人）	国民生产总值/（万元）	人均用水量/（m^3/人）	万元GDP用水量/m^3
巩义市	14453	78.865	1500198	183.3	96.3
登封市	6155	62.8404	671735	97.9	91.6
荥阳市	13913	62.4695	945737	222.7	147.1
新密市	10732	79.4607	983890	135.1	109.1
新郑市	7642	62.8623	1035118	121.6	73.8
中牟县	45944	68.2215	585339	673.5	784.9
郑州市	52620	282.9358	5300753	186.0	99.3
合　计	151459	697.6552	11022770	217.1	137.4

4.1.4 需水预测

郑州供水水源比较稳定，目前是当地地表和地下水源、黄河水源，在南水北调中线工程建成通水以后，将成为另一水源。

水资源需求方面，按满足经济增长、社会发展以及城市生态和环境保护要求计算。生活用水考虑城市人口的自然增长与机械增长、人民生活水平提高和服务业等第三产业的大力发展；工业用水考虑经济、社会发展所导致的产业结构调整和各部门经济量的相对变化；各经济存量的用水效率不变，经济增量的用水效率因技术进步等原因而提高。

结合郑州的实际情况，对部门的分类做了如下规定：生产需水按三次产业分别计算。第一产业需水包括种植业灌溉需水、鱼塘补水、林草需水以及畜牧业需水；第二产业包括工业和建筑业需水；第三产业由于统计资料难以收集，在计算中不再细分，在生活用水中综合考虑。生态和环境需水包括河道内需水和河道外需水。

1. 生活需水量

生活需水量包括居民家庭生活用水与公共用水两部分。根据人口预测结果、需水预测定额以及供水管网的供水效率，不同水平年郑州人均生活需水定额及生活需水量预测结果见表4-5及表4-6。

表 4-5 不同水平年郑州人均生活需水定额

行政分区	城镇生活/（升/人·日）			农村生活/（升/人·日）		
水平年	现状年	2010 年	2020 年	现状年	2010 年	2020 年
巩义市	122	140	160	66	80	90
登封市	100	110	120	47	60	75
荥阳市	83	105	120	49	64	75
新密市	142	150	160	46	65	75
新郑市	65	90	110	51	64	70
中牟县	252*	260	265	43	55	65
郑州市	179	185	195	314*	340**	365**
全　区	160	169	178	57	71	83

*注：统计资料数据偏大，估计用水统计口径偏大。

表 4-6 不同水平年郑州生活需水预测

行政分区	城镇生活需水/（万 m^3）			农村生活需水/（万 m^3）			合计/（万 m^3）	
水平年	2003 年	2010 年	2020 年	2003 年	2010 年	2020 年	2010 年	2020 年
巩义市	1257.0	1817.2	2840.9	1221.0	1434.0	1417.1	3251.2	4258.0
登封市	580.0	908.8	1458.3	801.0	970.9	1069.9	1879.7	2528.2
荥阳市	565.0	946.8	1386.6	792.0	982.6	1103.0	1929.5	2489.6
新密市	1162.0	1622.0	2435.7	953.0	1305.3	1367.6	2927.3	3803.3
新郑市	619.0	1107.6	1997.7	692.0	787.6	598.2	1895.2	2596.0
中牟县	1046.0	1885.4	3179.2	901.0	1078.3	1106.1	2963.8	4285.3
郑州市	17936.0	20531.4	24502.2	913.0	927.9	936.0	21459.3	25438.2
全　区	23165.0	28819.2	37800.8	6273.0	7486.7	7597.9	36305.9	45398.7

郑州市区农村生活用水明显偏大的原因由以下 3 个因素造成：①目前郑州市的“城中村”中居住有大量的流动人口，这些人口没有统计在户籍人口中，而用水包含在用水统计中；②目前郑州市对“城中村”的自备井没有征收水资源费；③“城中村”居民的生活用水大多由当地政府以福利的形式免费提供。基于以上分析，在 2010 年和 2020 年的定额确定中，仍然假定将来在未改造的“城中村”

居住有大量的流动人口。

预测结果表明，随着城镇化率的提高以及人均用水的增加，城镇生活需水增长较快，郑州城镇生活需水量将从2003年的23165万m^3增加到2010年的28819万m^3，增加24.4%，年均增长3.17%；之后增长速度相对减缓，2020年城镇生活需水量为37801万m^3，2010－2020年年均增长为2.75%。

由于农村人口逐渐向城市转移将加快城镇化进程，农村生活需水增长相对较慢，2010年、2020年农村生活需水量分别为7487万m^3、7598万m^3，2003－2010年和2010－2020年农村生活用水量年均增长率分别为2.56%、0.15%。

预测结果表明，郑州2010年生活需水总量为36306万m^3，2020年为45399万m^3。2003－2010年和2010－2020年郑州生活需水总量年均增长率分别为3.04%、2.26%。

2. 第二产业需水量

第二产业增加值预测结果见表4-7，根据此数据预测的第二产业需水量见表4-8。

表4-7 不同水平年郑州第二产业发展预测

项目	行政分区	2003年	2010年	2020年
增加值（亿元）	巩义市	110.9	281.9	678.1
	登封市	41.9	109.8	196.9
	荥阳市	58.5	154.7	324.6
	新密市	61.9	172.1	419.6
	新郑市	65.6	173.1	406.3
	中牟县	24.9	71.9	141.4
	郑州市	207.8	617.4	1112.0
	全　区	571.5	1580.8	3279.2
年平均增长率/%	巩义市	—	14.25	9.18
	登封市	—	14.75	6.02
	荥阳市	—	14.90	7.69
	新密市	—	15.73	9.32
	新郑市	—	14.87	8.91
	中牟县	—	16.36	7.00
	郑州市	—	16.83	6.06
	全　区	—	15.64	7.57

表 4-8 不同水平年郑州第二产业需水数据

项目	行政分区	2003 年	2010 年	2020 年
万元增加值取水定额/（m^3/万元）	巩义市	63.7	31.9	17.8
	登封市	68.4	33.9	24.4
	荥阳市	85.6	43.5	27.8
	新密市	100.1	47.1	25.9
	郑州市	39.8	19.5	11.1
	新郑市	211.5	90.1	56.4
	中牟县	39.0	17.0	12.7
	全　区	65.0	30.3	19.3
需水量/（万 m^3）	巩义市	7066	8989.9	12070.0
	登封市	2866	3721.0	4814.5
	荥阳市	5010	6727.1	9031.9
需水量/（万 m^3）	新密市	6198	8101.4	10877.0
	郑州市	8103	10520.3	14124.7
	新郑市	2611	3367.1	4520.7
	中牟县	5266	6476.5	7972.6
	全　区	37120	47903.3	63411.4
年平均增长率/%	巩义市		3.5	3.0
	登封市	—	3.8	2.6
	荥阳市	—	4.3	3.0
	新密市	—	3.9	3.0
	郑州市	—	3.8	3.0
	新郑市	—	3.7	3.0
	中牟县	—	3.0	2.1
	全　区	—	3.7	2.8

总体来说，随着经济的发展，郑州未来第二产业需水呈增长趋势，2003－2010年第二产业需水量将由 37120 万 m^3 增加到 47903 万 m^3，年均增长 3.7%；之后第二产业需水增长率相对降低，2020 年郑州第二产业需水量为 63411 万 m^3，2010－2020 年年均增长率为 2.8%。郑州第二产业需水增长率高于全区平均水平，这是由于郑州的郑东新区将来要发展成工业区造成的。

3. 生态和环境需水量

郑州生态和环境需水量根据城市景观发展格局确定，以维持良好的生态稳定度为目标。随着城市化的发展以及人民生活水平的提高，人们对城市生态和环境的要求会越来越高，城市生态和环境用水量将日趋增加。根据《郑州森林生态城总体规划》，至2010年，森林总面积在1520565亩以上，森林覆盖率显著提高，达到35%以上且达到全国城市较高水平；公园绿地总面积达到37904亩；至2020年，森林总面积达到2037956亩以上，森林覆盖率显著提高，达到40%以上；公园绿地总面积达到40873亩，力争达到当时国际平均水平和国内城市较高水平（见表4-9）。根据《郑州市市区及周边地区水系规划（2003－2020）》，2020年郑州规划水面面积为3143.15万m^3；维系规划水系水面2010年需补水14370万m^3，2020年需补水28751.4万m^3，其中湖泊占49.2%，河道占50.8%。

表4-9 郑州森林生态城森林资源发展指标

指标 \ 水平年	2003年	2010年	2020年
森林覆盖率/%	18.42	35	42
生态公益林面积比重/%	68.2	73	76
林木蓄积/（万m^3）	212	360	420
森林公园面积/亩	105660	1520565	2037956
人均公园绿地面积/（m^2/人）	4.5	10.99	13.88
公园绿地面积/亩	26838	37904	40875
人均绿地面积/（m^2/人）	15.38	45.64	49.67
园林绿化灌溉定额/（m^3/（m^2·a））	0.75	0.9	1.0

根据预测，在不同频率下，2010年和2020年郑州生态和环境用水量计算结果见表4-10。

表4-10 不同水平年郑州生态和环境需水量预测 万m^3

行政分区	P=50%			P=75%			P=95%		
水平年	2003年	2010年	2020年	2003年	2010年	2020年	2003年	2010年	2020年
巩义市	18	68.2	73.6	22	81.9	88.3	25	95.5	103.0
登封市	75	102.3	100.5	90	122.8	120.6	105	143.3	140.7
荥阳市	18	34.1	83.4	23	40.9	100.0	25	47.8	116.7

续表

行政分区	P=50%			P=75%			P=95%		
水平年	2003年	2010年	2020年	2003年	2010年	2020年	2003年	2010年	2020年
新密市	69	79.6	85.8	83	95.5	103.0	97	111.4	120.1
新郑市	150	250.2	321.2	182	300.2	385.5	210	350.2	449.7
中牟县	255	341.1	392.3	306	409.4	470.8	357	477.6	549.2
郑州市	4950	16195.0	29732.2	6435	19434.0	35678.6	6930	22673.0	41625.0
全　区	5535	17070.6	30789.0	7140	20484.7	36946.8	7749	23898.8	43104.5

4. 农业需水量

农业需水量包括农田灌溉、渔业和牲畜用水3部分，郑州市不同水平年农业需水总量见表4-11。预测表明，在*P*=75%下，2010年郑州农业需水总量为78145万m^3，2020年为76619万m^3，有一定程度的下降，但下降幅度不大。在农业用水的构成中，农田灌溉需水量将下降，而渔业和牲畜需水量将有小幅度上升。

表4-11　不同水平年郑州农业需水总量预测汇总　万m^3

行政分区	P=50%		P=75%		P=95%	
	2010年	2020年	2010年	2020年	2010年	2020年
巩义市	5003.2	4951.3	5308.0	5111.0	5409.3	5275.1
登封市	1870.9	1858.1	1962.2	1933.7	2054.0	2009.7
荥阳市	7082.0	6534.5	7353.3	7263.7	8470.5	7523.6
新密市	2400.1	2431.3	2581.1	2551.4	2675.5	2697.7
新郑市	3219.7	2982.6	3343.9	3362.2	3633.9	3449.4
中牟县	34812.9	33569.6	37321.3	36510.9	38388.8	38489.6
郑州市	19569.0	18725.5	20274.6	19885.4	20695.4	20696.7
全　区	73957.9	71052.8	78144.5	76618.5	81327.5	80141.8

5. 需水总量

综合以上各部门的需水量预测，规划郑州各行政分区2010年和2020年基本方案的需水总量分别见表4-12和表4-13。在*P*=75%下，郑州2010年和2020年的需水总量分别为182838万m^3和222375万m^3，其中郑州市区2010年和2020年分别占郑州需水总量的39.2%、42.8%。

表 4-12 2010 年郑州需水预测结果汇总 万 m^3

行政分区	城镇生活	农村生活	第二产业	生态和环境			农业			合计		
				P=50%	P=75%	P=95%	P=50%	P=75%	P=95%	P=50%	P=75%	P=95%
巩义市	1817.2	1434.0	8989.9	68.2	81.9	95.5	5003.2	5308.0	5409.3	17312.5	17631.0	17745.9
登封市	908.8	970.9	3721.0	102.3	122.8	143.3	1870.9	1962.2	2054.0	7573.9	7685.7	7798.0
荥阳市	946.8	982.6	6727.1	34.1	40.9	47.8	7082.0	7353.3	8470.5	15772.7	16050.8	17174.9
新密市	1622.0	1305.3	8101.4	79.6	95.5	111.4	2400.1	2581.1	2675.5	13508.4	13705.3	13815.7
新郑市	1107.6	787.6	3367.1	250.2	300.2	350.2	3219.7	3343.9	3633.9	8732.2	8906.4	9246.4
中牟县	1885.4	1078.3	6476.5	341.1	409.4	477.6	34812.9	37321.3	38388.8	44594.3	47171.0	48306.6
郑州市	20531.4	927.9	10520.3	16195.0	19434.0	22673.0	19569.0	20274.6	20695.4	67743.6	71688.2	75348.0
全　区	28819.2	7486.7	47903.3	17070.6	20484.7	23898.8	73957.9	78144.5	81327.5	175237.8	182838.4	189435.5

表 4-13 2020 年郑州需水预测结果汇总 万 m^3

行政分区	城镇生活	农村生活	第二产业	生态和环境			农业			合计		
				P=50%	P=75%	P=95%	P=50%	P=75%	P=95%	P=50%	P=75%	P=95%
巩义市	2840.9	1417.1	12070.0	73.6	88.3	103.0	4951.3	5111.0	5275.1	21352.9	21527.3	21706.1
登封市	1458.3	1069.9	4814.5	100.5	120.6	140.7	1858.1	1933.7	2009.7	9301.3	9397.0	9493.1
荥阳市	1386.6	1103.0	9031.9	83.4	100.0	116.7	6534.5	7263.7	7523.6	18139.4	18885.2	19161.8
新密市	2435.7	1367.6	10877.0	85.8	103.0	120.1	2431.3	2551.4	2697.7	17197.4	17334.7	17498.1
新郑市	1997.7	598.2	4520.7	321.2	385.5	449.7	2982.6	3362.2	3449.4	10420.5	10864.4	11015.8
中牟县	3179.2	1106.1	7972.6	392.3	470.8	549.2	33569.6	36510.9	38489.6	46219.8	49239.6	51296.7
郑州市	24502.2	936.0	14124.7	29732.2	35678.6	41625.0	18725.5	19885.4	20696.7	88020.7	95126.9	101884.6
全　区	37800.8	7597.9	63411.4	30789.0	36946.8	43104.5	71052.8	76618.5	80141.8	210652.0	222375.4	232056.5

从区域分布看，在 P=75%下，西部地区（巩义市、登封市、新密市）2010 年需水总量为 39022 万 m^3，比 2003 年增长 24.5%，年均增长率 3.18%，2020 年需水总量为 48259 万 m^3，2010－2020 年间年均增长率 2.15%，由于受水资源条件制约，增长率在规划区中较低；中部地区（荥阳市、新郑市、郑州市）2010 年需水总量 96645 万 m^3，比 2003 年增长 30.3%，年均增长率为 3.85%，这主要是考虑到未来中部地区的社会经济发展较快，使得需水量比起其他地区有更大幅度的增长；东部地区（中牟县）2010 年需水总量 47800 万 m^3，比 2003 年增长 4.0%，年

均增长率为 0.56%，增长率在规划区中最低。

按部门分析，生活需水的增长幅度要高于第二产业需水。居民生活水平的不断提高，将导致各分区的生活用水量有不同程度的增长。今后郑州工业仍将保持较高水平的增长，产业结构调整将日趋合理。同时，随着科技进步和生产工艺的改进，工业的单位用水量仍将保持较大幅度的下降，因此第二产业产值虽然保持了较高的增长，但用水量增长并不迅速。

生态和环境需水量的增加导致了需水总量的大幅度增加。由于郑州市区将建设水系生态城，在 P=75%下，生态和环境需水量在 2010 年将达到 20485 万 m^3，2020 年将达到 36947 万 m^3，其中郑州市区的生态和环境用水量将占很大比例。

4.2 雨水资源现状分析

深入了解当地气候、降雨规律，以便更准确地计算雨水可利用量。根据郑州市 1951－2004 年的地区水文气象系列资料分析，从时间、年份、降雨过程、历时、强度、水质等方面可以看出，郑州市降水时空分布不均匀，每年的降水量主要集中在 6～9 月，其降水量占年降水总量的 64.65%。

12 月、1 月、2 月份的降雨量最少。不同年份的降雨量差别也很大。郑州市区 1981－2004 年的年平均降水量为 640.9mm，其中：最大年降水量为 1041.3mm（1964 年），最小年降水量为 403.0mm（1968 年），最大月降水量为 265.7mm（2003 年 7 月），最小月降水量为 0.0mm（1995 年 1 月），最大日降水量为 289mm（1987 年 8 月 10 日）。郑州市 1981－2004 年月降水量及 1951－2004 年各月降水量合计见表 4-14 和表 4-15。郑州市每年降水量主要集中在 6～9 月，其余月份虽也有降雨，但其降水量小，降雨强度小，有的甚至不能形成径流，所以也就无法利用。郑州市 1951－2004 年各月降水量分布如图 4-1 所示。因此，郑州市可利用雨量以及雨水的收集利用主要是针对 6～9 月份的雨水，所以每年的 5 月底之前应做好雨水收集的各种环境与技术准备，在 9 月底之前完成雨水集储工作。

表 4-14 郑州市 1981－2004 年月降水量统计表 mm

年份	1 月	2 月	3 月	4 月	5 月	6 月	7 月	8 月	9 月	10 月	11 月	12 月	年降水量
1981	14.3	2.3	21.6	9.1	2	65.7	155.7	121.3	48.4	4.3	28.7	0	473.4
1982	2.9	12.2	38.5	12.7	66.1	47.9	112.2	240.9	38.8	33.6	23.6	0	629.4
1983	1	1.8	28	69.4	164.1	88.7	140.1	206.2	201.4	85.6	4.3	0	990.6

续表

年份	1月	2月	3月	4月	5月	6月	7月	8月	9月	10月	11月	12月	年降水量
1984	0	2.6	7.3	15.5	46.9	64.5	243.9	184.1	216.6	23.1	41.8	31.1	877.4
1985	4.8	6.5	15.8	8	227.4	9.4	58.7	143.9	156.2	82	1.7	12.6	727
1986	1.1	0.2	23.5	10.5	73.8	2.3	48.3	74.3	61.4	71.1	3.4	15	384.9
1987	8.1	15.6	42.3	16.2	27.2	131.9	56.4	139.6	33.3	98.6	17.4	0	586.6
1988	0.1	8	27	24.5	33	2.2	134.4	116.6	37	46.2	0	14.6	443.6
1989	54	25.9	32.5	7	38.7	50.2	172.3	52.7	34.8	5.2	28.9	31.3	533.5
1990	24.3	6.2	95.9	39.4	65.8	181	101.2	120.2	55.1	0.9	46.4	5	800.4
1991	7.6	11.6	64.9	21.5	91.7	62.4	67	65.2	39.8	2.8	21.1	10.7	466.3
1992	0.7	2.6	31.1	7.1	147.9	39.3	109.8	138.5	153.4	13.1	10.7	14.9	679.1
1993	16	18.2	19.9	82.5	31.5	97.4	51.1	93.5	33.1	35.4	80.4	0	559
1994	2.6	6.7	16.5	98.1	42.4	188.2	193.6	54.2	5.4	60.4	34.9	15.9	718.9
1995	0	0	17.3	13.5	12.5	41.9	206.9	153.7	11.3	88	2.2	1.3	548.6
1996	1	17.7	13.7	35.1	17.6	15.3	133.5	186.7	126.6	49.5	31.6	0	628.3
1997	7.7	13.6	42.2	28.7	73.6	19.2	40.3	33.5	77.9	2.3	37.1	4.5	380.6
1998	9.9	24	64.3	39.1	167.6	29.4	248.8	186.3	1.6	7.4	0.5	3.9	781.8
1999	0	0	34.9	38.3	30.4	27.8	212.7	97.4	100.6	69.5	5.3	0	616.9
2000	26.3	1.8	0	8.6	20.1	43.5	243.1	88.2	105	73.5	22.1	4.9	637.1
2001	42.1	20.1	1.6	8.2	0.6	75.2	97.4	65.8	14.9	37.6	0.5	37.8	401.8
2002	10.8	0	25.2	26.1	107.3	99.4	90.2	147.2	45.8	17.7	2.9	26.7	599.3
2003	7.7	25	32.5	17.1	33.9	142	113.1	265.6	111.1	156.4	33.6	16	954
2004	2.1	17.7	5.3	11.8	78.8	106.6	264.5	121.7	100.2	3.9	40.1	15.1	767.8

表 4-15 郑州市 1951—2004 年各月降水量合计 mm

月份	1月	2月	3月	4月	5月	6月
降水量合计	358.7	676.4	1507.2	2271.3	2892.9	3678.3
月份	7月	8月	9月	10月	11月	12月
降水量合计	7932.4	6684.1	3946.5	2397.5	1439.2	561.6

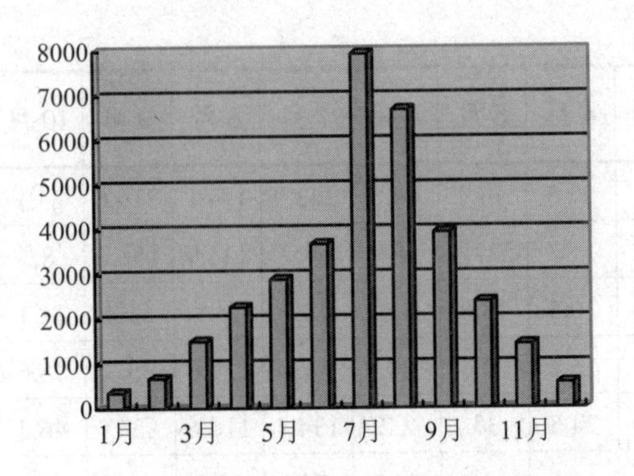

图 4-1　郑州市 1951－2004 年各月降水量分布图

4.2.1　雨水资源量

郑州市现辖六区五市一县，包括中原区、二七区、管城区、金水区、邙山区、上街区、巩义市、登封市、荥阳市、新密市、新郑市和中牟县。2009 年初，郑州市总面积为 7446.2km^2，占全省总面积的 4.5%，其中市区面积为 1010.3km^2，城区已建成区面积 303.0km^2。郑州市多年平均降雨量为 640.9mm。按此计算，每年郑州的降雨总量为 47.72 亿 m^3，其中城区年降雨总量为 6.47 亿 m^3，建成区年降雨总量为 1.94 亿 m^3。

1　郑州市雨水资源计算

郑州市的降雨汇水面积主要是屋面、道路及绿地的面积总和。所要计算的郑州市雨水资源总量就是指由这三种主要汇水面积一年内产生的径流量总和，可以用公式（4-1）进行计算。

$$R_e = \psi \times A \times H_n \tag{4-1}$$

式中：R_e 为年径流量，单位为 m^3；ψ 为径流系数；A 为汇水面积，单位为 m^2；H_n 为年降水量，单位为 mm，取年均降雨量 640.9mm。

建成区雨水资源总量为建筑屋面、公共道路、绿地三种主要汇水面积一年内产生的径流量总和。郑州市 2009 年建筑屋面、公共道路、绿地的占地情况见表 4-16。

表 4-16　郑州市城区建筑、公共道路、绿地占地情况表

名称	占地面积/km^2	占地百分比	径流系数
建筑物	139.7	46.1%	0.75
公共道路	65.1	21.5%	0.75
绿地	98.2	32.4%	0.15

所以可求得2009年郑州市城区的雨水资源量如下：

（1）建筑屋面年平均径流量：

$$R_{e1}=\psi\times A_1\times H_n=139.7\times10^6\times0.75\times640.9\times10^{-3}=6714.0\text{万 m}^3$$

2）公共道路年平均径流量：

$$R_{e2}=\psi\times A_2\times H_n=65.1\times10^6\times0.75\times640.9\times10^{-3}=3131.4\text{万 m}^3$$

3）绿地年平均径流量：

$$R_{e3}=\psi\times A_3\times H_n=98.2\times10^6\times0.15\times640.9\times10^{-3}=943.8\text{万 m}^3$$

4）建成区年平均雨水径流资源总量为：

$$R_e=R_{e1}+R_{e2}+R_{e3}=6714.0+3131.4+943.8=10789.4\text{万 m}^3$$

建成区建筑、公共道路、路面雨水资源量分配比例为：

$$R_{e1}/R_e=6714.0/10789.4=62.22\%$$

$$R_{e2}/R_e=3131.4/10789.4=29.02\%$$

$$R_{e3}/R_e=943.8/10789.4=8.74\%$$

建成区建筑物、公共道路、绿地雨水资源量分布如图4-2所示。

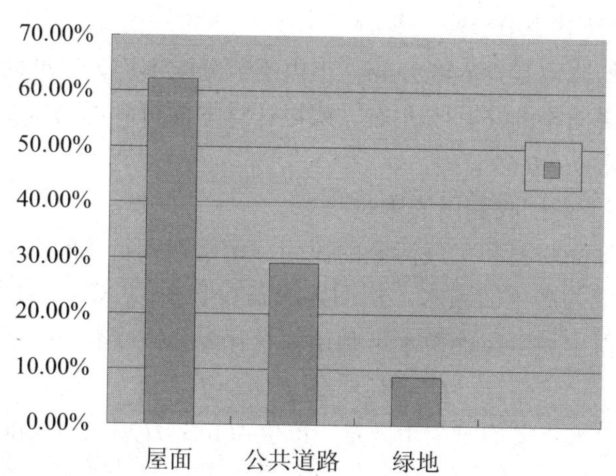

图4-2 郑州市建成区雨水资源量分配图

从图4-2可以看出，三种汇流介质中，城区屋面所占年平均雨水径流资源总量的比例最大，达到62.22%，绿地最小，仅为8.74%，道路居中。所以屋面雨水是雨水回收利用的重要组成部分。

2. 郑州市城区可利用雨量计算

在计算城区可利用的雨量时，需要考虑雨水利用时要受到许多因素，如气候条件、降雨季节分配、蒸发、雨水水质情况和地质地貌等客观存在的自然因素的制约，另外还受特定地区建筑的布局和结构等其他因素的影响。在这诸多的影响因素中有许多是客观的自然条件，但也有许多因素是可以控制的。在此只对客观因素进行讨论分析用以计算可利用雨量，而不确定因素则需根据具体的利用目的加以分析处理。郑州市年平均降雨强度为640.9mm，年内季节分配极不均匀，雨水利用主要考虑汛期（6～9月份）的雨量，即我们要考虑一个季节折减系数α，这里取$\alpha = 0.65$。考虑了气候、季节等因素后的郑州市的可利用雨量为郑州市雨水总资源量乘上季节折减系数：

$$Q = R_e \times \alpha \tag{4-2}$$

式中：R_e为郑州市雨水总资源量，单位为m^3；α为季节折减系数。

3. 郑州市城区建筑屋面可利用雨量计算

屋面雨水占整个雨水径流量的62.22%，是雨水资源的主要来源。另外，根据雨水水质的实测情况，在这三种汇流介质中，屋面雨水水质较好、径流量大、便于收集、处理，费用相对较低。所以将郑州市城区建筑物屋面的年雨水径流量作为主要可利用雨量，并且考虑将其用于冲厕、洗车、绿化、喷洒路面、水景等用途。

（1）降雨量及其季节分配的影响

郑州市年平均降雨量为640.9mm，年内季节分配不均匀，汛期（6～9月）的降雨量占到全年降雨量的64.8%左右，所以计算屋面可利用雨量时同样要用到雨水的季节折减系数$\alpha = 0.65$。

（2）初期径流对回收利用的影响

由于屋面、地面材料和大气污染的原因，雨水初期径流的水质较差，应该考虑除去初期污染较为严重的雨水，初期弃流系数取$\beta = 0.87$，考虑水量和水质两个影响因素后，得出城区屋面雨水可利用雨量计算公式（4-3）：

$$Q = H_n \times A \times \psi \times \alpha \times \beta \tag{4-3}$$

式中：Q为屋面雨水年平均可利用雨量，单位为m^3；H_n为年平均降雨量，单位为mm；A为总汇水面积，单位为m^2；ψ为径流系数；α为季节折减系数；β为初期弃流系数。

郑州市建筑屋面年平均可利用雨量为：

$$Q = H_n \times A \times \psi \times \alpha \times \beta$$
$$= 640.9 \times 10^{-3} \times 139.7 \times 10^6 \times 0.75 \times 0.65 \times 0.87 = 3796.8\text{万}\ m^3$$

4. 郑州市城区道路和绿地可利用雨量计算

道路、绿地的雨水可利用季节折减系数$\alpha = 0.65$，初期弃流系数β取0.50。由于绿地自身具有净化水源、提高水质的作用，故初期弃流系数β取0.90。

郑州市城区道路年平均可利用雨量为：

$$Q = H_n \times A \times \psi \times \alpha \times \beta$$
$$= 640.9 \times 10^{-3} \times 65.1 \times 10^6 \times 0.75 \times 0.65 \times 0.50 = 1017.7 \text{万 m}^3$$

郑州市城区绿地年平均可利用雨量为：

$$Q = H_n \times A \times \psi \times \alpha \times \beta$$
$$= 640.9 \times 10^{-3} \times 98.2 \times 10^6 \times 0.75 \times 0.65 \times 0.90 = 552.1 \text{万 m}^3$$

4.2.2 雨水资源的质量分析

1．雨水水质污染的两个主要来源及分析

雨水水质与空气质量、径流途径、下垫面类型及其材料有密切关系。一般来说，雨水资源的形成需要经历降雨和汇流两个过程。这两个过程所造成的雨水污染物质也是不同的。

（1）降雨过程雨水污染。

降雨过程是指雨水降落到地面之前的一段时间。雨水落地之前的水质决定于云的化学组分及浓度。由于工业排放污染物和沙尘在大气中积累，造成空气污染物浓度增加。当雨水降落时，随雨水降落到地面，形成雨水污染。

（2）径流过程雨水污染。

1）城市地表污染物。

郑州市市区雨洪水地表径流中的污染物主要来自降雨对地表的冲刷和对地表沉积物的吸纳。沉积物包含有固态废物碎屑（城市垃圾、动物粪便、城市建筑施工场地堆积物）、化学药品（草坪施用的化肥农药）、空气沉降物、冬季除冰盐在内的无机物、车辆排放物、车辆部件磨损、液体化学品泄漏、路面磨损、路面维修等。

2）屋面材料污染。

建筑物屋顶是雨水的集流场，屋面积累的污染物和屋面材料会产生污染，直接影响雨水的水质。对典型的坡顶瓦屋面和平顶沥青油毡屋面雨水径流的比较发现，后者的污染明显严重，其初期径流的化学耗氧量（Chemical Oxygen Demand，COD）浓度可高达上千，且色度大，有异味，主要为溶解性 COD。两种屋面初期径流 COD 浓度一般相差 3～8 倍左右，随着气温升高差距增大。由于沥青为石油的副产品，其成分较为复杂，污染物质可能溶入雨水中，而瓦屋面不含溶解性化学成分。

集蓄雨水的水质受制于大气环境质量、水土流失、城市环境卫生等多方面因素。表 4-17，表 4-18 给出了国内外两个典型大型城市的雨洪水水质数据。为更好地利用雨水资源，必要时需要对雨洪水进行水质处理。

表 4-17　法国巴黎三种汇水面雨水径流污染物浓度

汇水面 污染物	屋面径流			庭院径流			街道径流		
	最小	最大	中值	最小	最大	中值	最小	最大	中值
SS/（mg/L）	3	304	29	22	490	74	49	498	92.5
COD/（mg/L）	5	318	31	34	580	95	48	964	131
BOD/（mg/L）	1	27	4	9	143	17	15	141	36
HC/（μg/L）	37	823	108	125	216	161	115	4032	508
Cd/（μg/L）	0.1	32	1.3	0.2	1.3	0.8	0.3	1.8	0.6
Cu/（μg/L）	3	247	37	13	50	23	27	191	61
Pb/（μg/L）	16	2764	493	49	225	107	71	523	133
Zn/（μg/L）	802	38061	3422	57	1359	563	246	3839	550

表 4-18　北京城区不同汇水面雨水径流污染物平均浓度

汇水面 污染物	天然雨水	屋面雨水				路面雨水	
	平均值	平均值			变化系数	平均值	变化系数
		沥青油毡屋面	瓦屋面	水泥屋面			
COD/（mg/L）	43	328	123	90.5	0.5～2	582	0.5～2
SS/（mg/L）	<8	136	136	102	0.5～2	734	0.5～3
NH_3-N/（mg/L）	-	-	-	-	-	2.1	0.5～1.5
Pb/（mg/L）	<0.05	0.09	0.08	0.05	0.5～1	0.1	0.5～2
Zn/（mg/L）	-	0.93	1.01	0.61	0.5～1	1.02	0.5～2
TP/（mg/L）	-	0.94	-	-	0.8～1	1.72	0.5～2
TN/（mg/L）	-	9.8	-	-	0.8～1.5	11.2	0.5～2

2. 郑州市城区雨水水质分析

雨水资源的水质是关系到雨水能否利用及如何利用的关键。一般来说，雨水中的杂质与降雨地区的环境及其受污染的程度有着密切的关系。雨水中的杂质是由降水中的基本物质和所流经地区夹带的外加杂质组成，主要含有氯、硫酸根、硝酸根、钠、铵、钙和镁离子（浓度大多在 10mg/L 以下）和一些有机物质（主要是挥发性化合物），同时还存在少量的重金属（如铜、镉、铬、镍、铅、锌）。

从城市径流水质污染概况可以看出，雨水水质污染的严重性主要表现在 COD 和 SS 上，所以在此主要讨论这两项指标。下面对郑州市 6～9 月份的水质概况和水质影响因素进行讨论。

选取了河南省环保局 4#沥青油毡平屋顶面办公楼和 7#瓦质斜屋顶屋面家属楼为取样点，这两种屋面基本代表了郑州市城区建筑物所采用的主要屋面类型。取样点设在建筑物雨落管出水口。取样时间是 2009 年 6～9 月份，同一场雨有径流从雨落管流出时开始。

（1）不同月份雨水水质变化情况。

由于郑州市年降雨分配极不均匀，多集中在 6～9 月份，其余月份虽也有降雨，但考虑其一般也不能形成径流，对雨水利用意义不大，所以只对 6～9 月份的雨水作了一系列的试验，为屋面雨水利用提供科学依据。试验结果见表 4-19 至表 4-22。

表 4-19　2009 年 6 月 27 日雨水水质情况

取样点	取样时间	COD_{cr}/（mg/L）	SS/（mg/L）
4#沥青油毡屋面	6:55	663	101
	7:00	524	100
	7:05	450	—
	7:10	375	84
	7:20	210	—
	7:35	164	82
	7:50	81	—
	8:00	80	46
天然雨水	—	27	—

表 4-20　2009 年 7 月 12 日雨水水质情况

取样点	取样时间	COD_{cr}/（mg/L）	SS/（mg/L）
4#沥青油毡屋面	21:35	422	110
	21:50	401	103
	22:05	367	—

续表

取样点	取样时间	COD_{cr}/（mg/L）	SS/（mg/L）
4#沥青油毡屋面	22:20	295	86
	22:35	106	—
	22:50	77	79
天然雨水	—	30	—

表 4-21　2009 年 8 月 4 日雨水水质情况

取样点	取样时间	COD_{cr}/（mg/L）	SS/（mg/L）
4#沥青油毡屋面	8:20	410	104
	8:50	378	—
	9:20	344	92
	9:40	106	—
	10:00	87	87
	10:30	65	—
天然雨水	—	26	—

表 4-22　2009 年 9 月 2 日雨水水质情况

取样点	取样时间	COD_{cr}/（mg/L）	SS/（mg/L）
4#沥青油毡屋面	17:00	170	128
	17:30	148	105
	18:00	114	90
	18:30	80	—
	19:00	71	88
天然雨水	—	21	—

通过对 2009 年 6～9 月份的屋面径流水质的测试分析，发现 6 月 27 日降雨的初期径流的 COD 值特别高，这是因为郑州市的春雨虽然也下过几次，但多数属于春天的小雨，形成的径流很小，屋顶在经过漫长的冬季后，表面的沉积物比较多。6 月 27 日的降雨强度较大，正好给屋顶以冬去春来最好的清洗，所以初期径流的水质特别差。此外这场天然雨水的 COD 仅是 27mg/L，说明致使水质恶化的主要原因是屋面的沉积物和屋面材料本身。半个月后，7 月 12 日降雨的初期径流

的 COD 指标就明显降了下来，仅为四百左右，冬去春来的第一场大雨的初期弃流在必要时可适当增加。

在对 6～8 月份的数据进行分析后，可以发现这一阶段雨水初期径流的 COD 指标一般在 400mg/L 左右，相对偏高，主要原因是这一阶段的郑州市气温很高（最高达 40℃），屋面沥青和油毡由于高温和太阳暴晒，容易进行分解，致使径流带有一定的黄色。而到 9 月份以后，因气温逐渐下降，初期径流的 COD 指标也明显下降。通过综合分析可以发现，当径流水质稳定后，不同月份的雨水水质指标基本相差不大，COD 约为 60～80mg/L 左右。

（2）不同屋面材料的雨水水质变化情况

在 7 月 12 日的一场降雨中，对 7#瓦屋面家属楼的雨水取样，测定 COD 和 SS 值，并与沥青屋面雨水水质进行了对比，结果见表 4-23。

表 4-23　不同屋面材料雨水水质随时间的变化情况

取样时间	COD_{cr}/（mg/L）		SS/（mg/L）	
	沥青屋顶	瓦屋面	沥青屋顶	瓦屋面
21:35	422	254	110	234
21:50	401	172	103	210
22:05	367	134	—	—
22:20	295	117	86	156
22:35	106	96	—	—
22:50	77	92	79	113

沥青油毡平屋面的水质明显比坡形瓦屋面的差，主要是因为平屋顶屋面上的沥青油毡在高温和太阳曝晒下容易分解，而且也容易聚集沉积物。建议从雨水利用的角度出发，应对屋面防水材料的使用进行筛选。

（3）不同地理方位雨水水质变化情况。

根据试验显示，在工业繁荣、厂矿企业比较多的地带，大气污染相对较严重，屋顶沉积物也会较多，所以这些区域的雨水污染要相对严重些。但就每场雨来说，降雨后期屋面径流水质稳定后，COD 和 SS 指标值相差不大。

3. 雨水水质的综合分析

对郑州市雨水径流的综合分析，可以得出如下结论。

（1）郑州市雨水径流水质有明显的随机性和波动性，不同月份随温度的升高，水质会加重恶化。

（2）在一次降雨过程中，初期径流雨水的污染明显，而后期的径流水质会逐渐稳定，并逐渐变好。郑州市屋面初期弃流量决定于雨洪水的用途。

（3）不同地理位置屋面，径流水质有一些差别，这与城市的产业结构和布局有关。

（4）不同的材料对雨水径流水质有较大的影响。应对屋面材料进行选取，不允许使用石棉屋顶材料和其他含铅材料（如塑料）作集水屋顶。

（5）资料显示，屋面径流的可生化性不高，BOD_5/COD_{cr} 的值一般为 0.1～0.15。从简便、实用原则出发，应优先考虑物化工艺。

（6）根据我国《生活杂用水水质标准》（CJ25.1-89），将收集的雨水经过简单处理后应用于城市绿化用水和汽车用水、工业循环冷却水以及景观用水都是可以的。

4.2.3 雨水利用的必要性和可行性分析

1. 郑州市雨水利用的必要性

郑州市属于用水非常紧张并缺水的城市之一，面临的水问题及水环境问题很多，如：出现地下水降落漏斗；工业用水骤增；由于城市建设发展迅速，用水量成倍增长；城市水体污染严重；城市洪灾频频发生等。2006 年郑州市出台了《郑州市节水型社会建设规划》，其中明确要求“应加强雨水资源利用”，并提出：要求现有规模以上住宅小区、企事业单位、学校、医院、宾馆等逐步兴建集雨环境用水工程；待建、在建规模以上住宅小区等配套建设集雨环境用水工程；现有街心花园（公园等）逐步兴建集雨环境用水工程；待建、在建街心花园等配套建设集雨环境用水工程；城市人行道路（板）及庭院、厂区、办公区等硬化带应采用高渗透性的建筑材料。

2. 郑州市雨水利用的可行性

雨水收集利用技术在发达国家已经逐步进入到标准化和产业化阶段。目前已是“第三代”雨水利用技术——设备的集成化，即从屋面雨水的收集、截污、储存、过滤、渗透、提升、回用到控制都有一系列的定型产品和组装式成套设备。虽然我国的雨水收集利用技术不如国外先进，但近年来各地区都在这方面开展相应的研究和实践，并与国外开展合作，建立雨水利用示范小区，显示出良好的发展势头。经过研究和实践应用，我国已探索出一套有效的雨水收集利用系统。因此，对雨水资源进行合理利用是切实可行的。

4.3 雨水资源规划依据原则和目标

4.3.1 规划的编制依据

1. 相关规划

[1] 《郑州城市总体规划（2008－2020年）》
[2] 《郑州市国民经济和社会发展第十一个五年规划纲要》
[3] 《郑州市土地利用总体规划（2006－2020年）》
[4] 《郑州市水资源综合规划》
[5] 《郑州黄河水资源可持续利用规划》
[6] 《郑州市统计年鉴（2003－2008年）》
[7] 《郑州市水资源公报（1999－2008）》
[8] 《河南省郑州市地下水资源开发利用规划》
[9] 《河南省水文图集》
[10] 《郑州市环境保护“十一五”规划》
[11] 《郑州市“十一五”水利发展规划》
[12] 《郑州市林业生态建设规划》
[13] 《郑州市“十一五”土地资源保护规划》
[14] 《郑州市城市绿地系统规划》
[15] 《郑州市城市供水水资源规划》
[16] 《郑州市全面建设小康社会规划纲要》
[17] 《郑州市重点工业行业2005年－2008年发展纲要》（郑发〔2005〕14号）

2. 相关规范

[1] 《建筑与小区雨水利用工程技术规范》（GB 50400-2006）
[2] 《建筑中水设计规范》（GB 50336-2002）
[3] 《建筑给排水设计规范》（GB 50015-2010）
[4] 《污水再生利用工程设计规范》（GB 50335-2002）
[5] 《室外排水设计规范》（GB 50014-2006）
[6] 《城市污水回用设计规范》（CECS 61-1994）
[7] 《地下水监测规范》（SL 183-2005）
[8] 《城市供水水文地质勘察规范》（CJJ 16-88）
[9] 《地下水动态监测规程》（DZ/TO 133-94）

[10] 《地下工程防水技术规范》(GB 50108-2008)

[11] 《水环境监测规范》(SL 219-98)

3. 相关标准

[1] 《地面水环境质量标准》(GB 3838-2002)

[2] 《污水综合排放标准》(GB 8978-1996)

[3] 《生活饮用水卫生标准》(GB 5749-2006)

[4] 《地表水资源质量标准》(SL 63-1994)

[5] 《农田灌溉用水水质标准》(GB 5084-1992)

[6] 《污水排入城市下水道水质标准》(CJ 3082-1999)

[7] 《城市污水再生利用 城市杂用水水质》(GB/T 18920-2002)

[8] 《再生水回用于景观水体的水质标准》(CJ/T 95-2000)

4.3.2 规划原则

1)同步规划和统一规划原则。

传统的城市总体规划编制做法已经十分落后，仅仅将城市雨水直接快速就近排入周围水体（如河流、水库、海洋等)。其后果加大了城市排水负荷，造成大量水资源浪费，严重污染水环境，打破了地表和地下水的均衡循环，也不符合资源节约和可持续利用的原则。

雨水作为一种重要资源，必须同步被纳入城市规划的统一编制中，才能体现政府调控城市空间资源的重要公共性。城市雨水利用是一项系统工程，要融入城市建设总体规划中，必须将其与城市建设、水资源优化配置、生态建设统一考虑，把集水、蓄水、处理、回用、入渗地下、排水等纳入城市建设的各个环节，避免频频发生的城市“开膛破肚”、经常修修补补、没完没了的城市排水系统改造等劳民伤财的不合理现象。

2)综合利用规划原则。

综合规划就是把雨水利用系统、雨水排水系统、污水排放系统和城市规划建设统一起来综合考虑。

①在城市详细规划和建设中，把雨水利用系统、防洪和排水系统、污水排放系统以及城市过境河（渠）道形成统一的布局。

②雨水的利用要有利于绿地灌溉和养护，并采取有效雨水截流设计，保留或设置有调蓄能力的水面、景观和湿地等。

③在新区或新城建设中，要通过采取有效措施，使雨水截流量呈最佳应用状态，在时空上保持一期、二期、三期工程规划，最终达到或超过现状截流量。

④逐步减少不透水面积。新建人行道、停车场、公园、广场等需要铺装的地面，应采用透水性良好的材料；必须采用不透水面的地段，要尽量设置截流、渗滤设施，减少雨水外排量。

⑤公共绿地、小区绿地、事业单位和企业内，以及公共供水系统难以提供消防用水的地段，根据需要量设置一定容量的雨水储水系统。

3）机动灵活和多样性原则。

实践表明，雨水利用具有很大的随机性和多样性特点，这与降雨分布、降雨过程和历时的随机性和不确定性是一致的。在已经修建的雨水利用工程中，还没有完全一样的工程和统一的工程建筑模式。因此，应特别注意雨水利用的机动灵活和多样性，不要一刀切或一个工程模式。

4）安全和质量第一原则。

雨水利用过程存在安全和用水质量问题，储水池的放置位置和水质变坏是问题的隐患，应该按照相关规程和规范设置储水池的位置、大小和密封牢固性要求。雨水水质因来源不同而不一样，一定要按照用水水质标准进行水质处理，同时注意储水池本身的水质安全防护，避免滋生引发疾病的菌虫类。

5）紧密结合原有工程原则。

雨水利用工程技术碰到的最大问题是，绝大部分工程都是与已经建成的建筑设施结合。即便新建或拟建工程建筑，在雨水利用工程与城市建筑物同步实施方面，由于过去没有法律约束规定，以往的建筑设施不附设雨水工程。因此，雨水工程建设和实施，要紧密结合城市原有各类工程建筑。

6）需求、投入和受益一致性原则。

雨水利用工程建设要依据规范要求，进行效益分析和预测，不做赔本买卖。有些不需要建立雨水工程的地方，或者用户没有认识到利用雨水资源的意义时，不能在没有法律依据的条件下专门建立雨水工程，坚持谁投入谁受益原则。

以上 6 个原则，是在雨水利用工程建设实践中，通过实践和总结已有的工程模式得出的基本原则。

4.3.3 规划时段与目标

本规划设定两个规划期，分述如下。

2010－2015 年：在郑州市重点区域实施不同雨水利用示范区，对雨水进行弃初流利用；雨水利用范围为郑州市建成区，纳入城市建设和市政规划，对新建小区、建筑物、道路（桥梁）等必须进行雨水利用设计；雨水利用率达到 15%。

2015－2020 年：全面启用雨水利用工程，将雨水初期弃流量纳入城市雨水排水管网；对现有城市各功能用地增加雨水利用设施；雨水利用率达到25%。

4.3.4 规划分区

雨水资源开发利用的分区有多种，可以按照雨水的功能、需求、用途和行政区划进行分区。由于雨水资源的流动性特征，无论怎样分区都会产生某些不足。相比较而言，按照雨水利用的功能和需求进行分区比较合理。按照雨水资源功能的不同，共分成了6个区：绿地灌溉雨水利用区、人工景观用水雨水利用区、生活杂项雨水利用区、湿地修复和保护雨水利用区、消防用雨水利用区、补源回灌雨水利用区。随着雨水资源开发利用程度的不断深入，分区情况也会不断变化。

4.4 郑州市雨水资源开发利用规划内容

4.4.1 雨水绿地灌溉规划

1. 郑州市公共绿地分布

城市绿地占有量是建设生态城市的重要指标。近年来，郑州市积极致力于新增绿地建设，在中心城区生态网络规划中提出了“四带七廊多核”的市域生态网络体系，其中的“多核”就包括绿地公园的建设。截至2008年底，全市累计新增绿地约490.42万m^2，建成区级公园、游园、广场18个，绿化覆盖率、绿地率、人均公共绿地面积始终保持在35%、32%、8.9m^2的水平，使大部分市民出行500m就能步入1000m^2以上的绿色空间。至2020年，规划公共绿地面积70.4km^2，人均14.1m^2。除原有公园绿地外，市内新建大型综合型公园9个，专类公园13个；沿城市道路、水系建设带状公园；按标准配建居住区公园绿地，按照500m服务半径规划建设小游园、街头绿地。图4-3是郑州市中心城区绿地系统结构图。

2. 绿地面积及需水量

根据2009年初的数据，郑州市绿地的占地面积为98.2km^2，占建成区总面积的32.4%，其中公共绿地面积为52.7km^2。

按照《建筑与小区雨水利用工程技术规范》，城市绿地的年耗水量在1500L/m^2左右。人居工程、道路两侧等小面积、环保区绿地，年总需水量保持在800～1200mm。人工绿地植物灌溉主要在夏季生长期，这一阶段的耗水量是全年需水量的75%以上。需水量要求满足正态分布曲线，夏季为高峰期，冬季为低谷期；高峰期的需水量为600mm，低谷期为150mm，春季和秋季共为200mm。

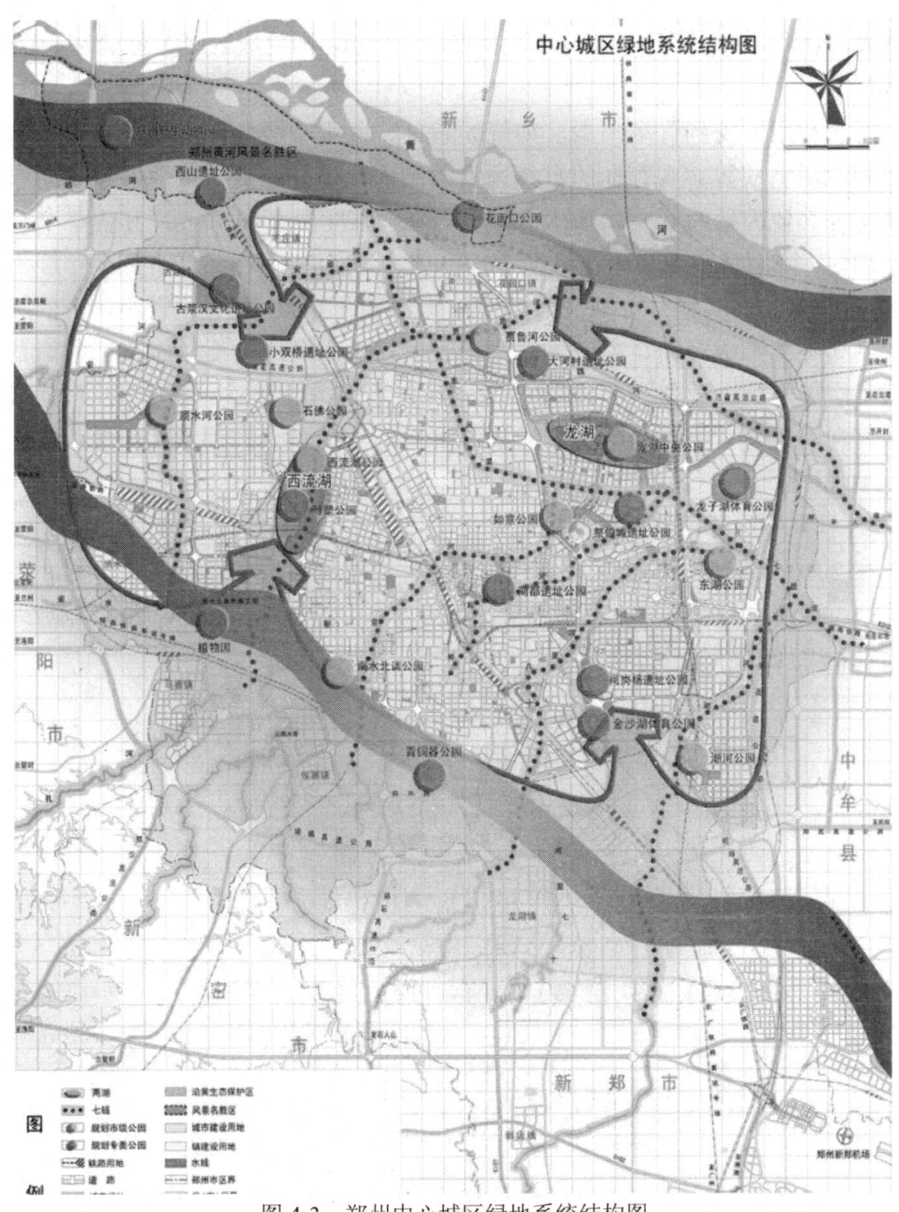

图 4-3 郑州中心城区绿地系统结构图

郑州市年均降水量 640.9mm，则补充灌水量约 360mm（年需水量按 1000mm 计算），即每平米绿地仍需灌溉水量约 $0.36m^3$。则郑州市公共绿地总需水量约为 $1.86\times10^7m^3$。

3. 郑州市绿地灌溉雨水可利用量

郑州市建成区年降雨总量为 $1.94\times10^8m^3$。考虑到屋顶、道路等的径流，通过

公式 $R_e = \psi \times A \times H_n$ 计算，取年均降雨量 640.9mm，则建成区雨水总量为 $1.078 \times 10^8 m^3$。

雨水利用要受到许多因素，如气候条件、降雨季节分配、蒸发、雨水水质情况和地质地貌等客观存在的自然因素的制约，另外还受特定地区建筑的布局和结构等其他因素的影响。郑州市年平均降雨强度为 640.9mm，年内季节分配极不均匀，降雨量主要集中在汛期（6～9 月），期间的降雨量能占到全年降雨总量的 64.65%。而其他月份不仅雨量少而且降雨的强度一般也比较小，有的降雨过程甚至不能形成径流，也就无法利用。所以雨水利用主要考虑汛期的雨量，也就是添加季节折减系数 α，即 $Q = R_e \times \alpha$，式中 α 取 0.65。最终郑州市建成区雨水可利用量为 $3.797 \times 10^7 m^3$。如果可以利用 15%的话，雨水利用量就可达到 $5.7 \times 10^6 m^3$。

4. 郑州市绿地灌溉雨水利用规划

在 2010－2015 年的近期规划中，主要针对已建的大型公园广场，规划了 10 个绿地灌溉雨水利用规划区，详细情况见图 4-4 和表 4-24。2015－2020 年绿地灌溉雨水利用规划，在原有基础上，可逐渐推广、发展达到 25 个。

图 4-4 郑州市绿地灌溉雨水利用规划图（2010－2015 年）

表 4-24 郑州市近期雨水绿地灌溉规划区一览表

序号	名称	地点	占地面积/m^2	绿地面积/m^2	年需水量/m^3	年收集雨水量/m^3
1	郑州市动物园	花园路与农业路交叉口向北 150m	372500	93338	33602	62071
2	文博广场	农业路与文博东路交叉口	36160	26667	9600	6025
3	人民公园	二七路与金水河交叉口	269070	161442	58119	44836
4	五一公园	工人路与友爱路交叉口	54620	27310	9832	9102
5	碧沙岗公园	嵩山路与建设路交叉口	145200	87120	31363	24195
6	绿城广场	中原路与嵩山路交叉口	42480	21240	7646	7079
7	西流湖公园	西环路与郑上路交叉口	99761	59857	21548	16624
8	森林公园	中州大道与北环路交叉口附近	2333450	2100105	756038	388832
9	如意湖公园	郑东新区 CBD	361380	180690	65048	60218
10	郑州市植物园	中原路与西四环交叉口向南 1km	574562	563000	202680	95742
合计			—	—	1195477	714724

注：其中占地面积作为雨水的汇水面积。

由表 4-24 可知，郑州市动物园、五一公园、如意湖公园作雨水收集后基本就可以满足本园的绿地灌溉用水，其余雨水作为补充水源，需设置雨水、自来水共用系统。

绿地雨水收集可以在绿地的最低处布设串葫芦式储水池，集蓄雨水用作公园、绿地用水。绿化水质要求雨水处理后要达到 COD_{cr}（mg/L）≤30，SS（mg/L）≤10。郑州市雨水质量较好，收集的雨水一般可按以下处理工艺流程：初期雨水弃流→雨水收集→沉淀→过滤→储存→利用，即可满足规范的灌溉雨水水质要求。

5. *绿地灌溉雨水利用效益分析*

以郑州市二七区为例，其中社区公园有 11 处，总面积约 $20.50\times10^4m^2$，河道和道路两侧绿地总面积约 $23.3 \times 10^4 m^2$。该地可收集的雨水量按公式 $Q = H_n \times A \times \psi \times \alpha \times \beta$ 计算，其中各系数按绿地取值；水价按环境用水 2.75 元/吨计。详见表 4-25。

表 4-25 郑州市二七区雨水绿地灌溉效益分析表

地区	绿地面积/m^2	需水量/（m^3/年）	需投入资金/（元/年）	雨水来源	可收集雨水量/（m^3/年）	节约资金/（元/年）
社区公园	20.5×10^4	73800	202950	屋顶、道路	57644.9	158525
公共绿地	23.3×10^4	83880	230670		65518.4	180176
合计	43.8×10^4	157680	433620	—	123163.3	338700

根据以往工程经验估算，建 $500m^3$ 的钢筋混凝土储水池约需人民币 9 万元，按照 1 年储水池集满雨水 3 次循环使用，则一般成本回收期为 2～5 年。

4.4.2 人工景观用水雨水利用规划

在城市生活中水景以其独特和多样性逐步成为建筑的重要组成部分。不同的场所水景规模大小不一，小型的有喷泉、冰塔、涌泉、水雾等；中型的有叠流、瀑布、溪流、镜池等；大型的有水面、人工湖等。景观用水指的就是这些人工建造的瀑布、喷泉、娱乐观赏等设施的用水。为了保证景观水体的水质及观赏性，景观水体需要定期补充新鲜水。经过调查，郑州市建成区中的景观用水水源除极个别来自自然降水外，其余大多都引自城市自来水网和地下水，造成了大量的水资源被浪费，而且其成本也比较高。将雨水资源用来作为景观用水的补充水源，不仅能减少向排水系统的排放量，节省了城市排水设施的运行费用，而且还可以节约水资源，有利于水资源的可持续利用。

1. 郑州市人工景观用水雨水利用规划

在景观用水雨水利用规划中，将郑州市建成区建筑根据用途不同分为学校、公园、企事业单位、居民小区、宾馆酒店五大类。《郑州市节水型社会建设规划》中明确要求“现有规模以上住宅小区、企事业单位、学校、医院、宾馆等逐步兴建集雨环境用水工程；待建、在建规模以上住宅小区等配套建设集雨环境用水工程”。因此针对不同的建筑类型，在 2010－2015 年的规划年限内分别进行了相应的规划，如图 4-5 所示及见表 4-26。其中，学校 9 家、公园广场 5 个、企事业单位 3 家、居民小区 2 个、酒店 3 家。

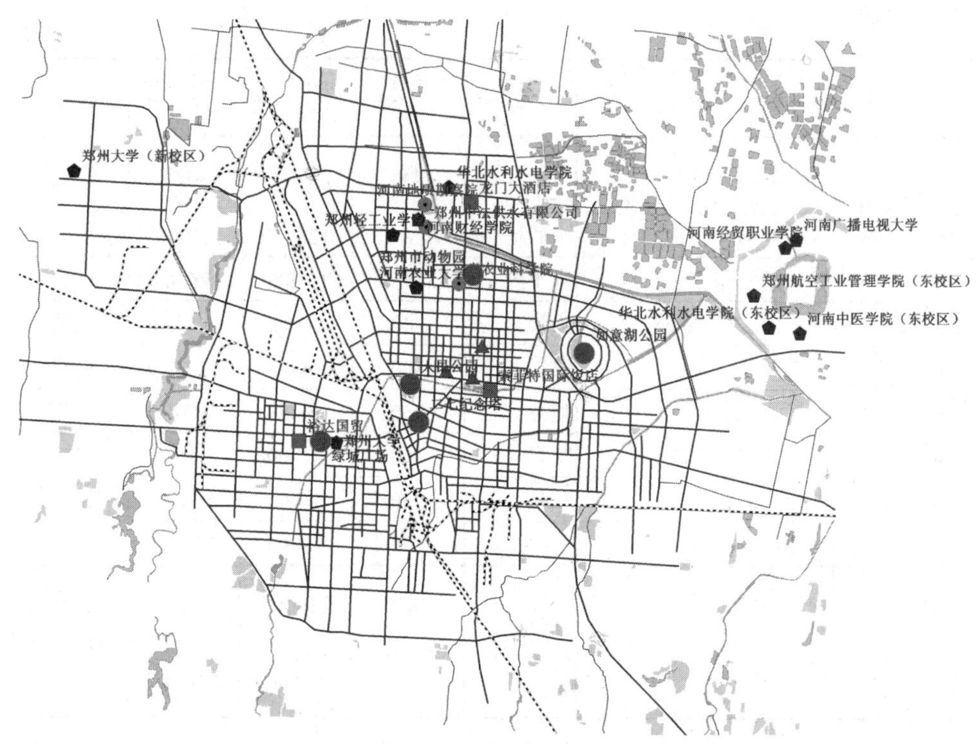

图 4-5 郑州市人工景观用水雨水利用规划示意图

表 4-26 人工景观用水雨水利用规划点情况一览表

序号	类型	名称	景观类型	占地面积/m^2	汇水面积/m^2	可收集雨水量/m^3	备注
1	学校	郑州大学	人工湖	16000	3230000	336392.4	已建
2		华北水利水电学院	人工湖	48400	260000	51990.0	已建
3		河南财经学院	人工湖	4250	303066	31563.2	已建
4		郑州轻工业学院	人工湖	1600	570000	59363.4	已建
5		河南广播电视大学	喷泉	400	307000	31972.9	计划
6		河南经贸职业学院	亲水池	300	182000	18954.6	计划
7		河南中医学院	喷泉	400	147000	15309.5	计划
8		郑州航空工业管理学院	人工湖	600	1267000	131953.3	计划
9		河南农业大学	人工湖	500	2600000	270780.3	已建
10	公园广场	二七广场	喷泉	1200	13100	1364.3	
11		郑州市动物园	喷泉 溪流 人工湖	35780	372500	38794.5	已建

续表

序号	类型	名称	景观类型	占地面积/m^2	汇水面积/m^2	可收集雨水量/m^3	备注
12	公园广场	人民公园	喷泉 人工湖	10362	269070	28022.6	已建
13		绿城广场	水广场	4300	120000	23995	已建
14		如意湖公园	人工湖	87958	361380	37636.4	已建
15	企事业单位	郑州中法供水有限公司	喷泉	200	107000	11143.6	已建
16		省农业科学院	喷泉	300	150000	15621.9	已建
17		河南省水利厅	喷泉	450	6300	656.1	计划
18	酒店	索菲特国际饭店	喷泉	140	31700	3301.4	已建
19		龙门大酒店	喷泉	300	50000	5207.3	已建
20		裕达国贸酒店	水池	100	18800	1957.9	已建
21	居民小区	中原新城	喷泉 溪流	2800	210000	41992	已建
22		园田花园	喷泉 水面	1200	97600	10164.7	计划

据调查，在表 4-26 所示的学校中，部分院校已经建成喷泉、瀑布、人工湖等水景，水景水源为城市自来水网，需对已有的景观进水管网进行改造。

水景是公园的重要组成部分，以上 5 个规划点：郑州市动物园、绿城广场、如意湖公园、人民公园、二七广场均已建成各种水景，水源为城市自来水网。由于公园的绿地面积比较大，绿地和水景都需要水源，建议景观用水优先选择雨水利用。

此次规划的 3 家大型酒店均已有人工景观，需对其水景进行雨水利用改造。

雨水经过初期弃流后，需采用物理化学法、生物法等方法进行处理，使出水水质达到城市景观环境用水水质标准（GB/T 18921-2002）的要求，处理后的雨水方可用作景观用水。

在长期规划中，要进一步推广雨水景观用水。其中，学校新增 6 所发展至 15 所；公园广场新增 5 个发展至 10 个；企事业单位新增 5 个发展至 8 个；居民小区新增 2 处；宾馆新增 5 家发展至 8 家。

2. 人工景观雨水利用效益分析

效益分析包括直接经济效益分析和间接效益分析。直接经济效益以表 4-27 中的实例来说明。其中人工湖为保持一定的水位，根据水量均衡原理；需水量=蒸发蒸腾量+渗流量、降雨补给量=降雨量+其他雨水汇集量。为使景观水体水质保持鲜活，喷泉等景观补充水量应保证使水体在7～17天全部更换一次，考虑郑州的实际情况，采用11月至次年3月，景观用水每15天循环一次；4～10月保证景观水体每10天循环一次来计算全年景观用水量。

表4-27 直接经济效益实例

序号	名称	景观类型	水景面积/m^2	更换或补充水量/（m^3/a）	雨水来源	汇水面积/m^2	可收集雨水量/m^3	可利用雨水量/m^3	节约资金/元
1	华北水利水电大学新校区	人工湖	20000	46400	屋顶、道路、绿地	260000	51990	46400	127600
2	绿城广场	水广场	4300	32000	周围道路、绿地	120000	23995	23995	65986
3	中原新城	喷泉溪流	2800	16500	屋顶、道路	210000	41992	16500	45375
合计		-	-	94900	-	-	117977	86895	238961

注：环境用水2.75元/吨。

利用雨水作为水景水源，可以减轻郑州市缺水压力，减少城市管网及污水处理厂的运行负荷、运行成本，消除城市洪灾，这也符合郑州市建立节水型社会的初衷。

4.4.3 生活杂用雨水利用规划

1. 规划区域及雨水收集范围分析

郑州市城区已建成区面积为303.0km^2，此次将对建成区内部分居民小区和学校的杂用水雨水利用进行5年内短期规划。考虑到对居民生活的影响，在2010—2015年的短期规划中，实施雨水利用工程主要针对已建及在建的部分居民小区和学校。在2015—2025年的中、长期规划中，要根据前期改造工程的完成情况，逐渐在未建居民区推广应用，并将雨水利用工程扩展到100个已建的居民小区。

居民小区和学校属于雨水开发利用区，根据当地情况以及雨水利用的条件，对以下20个建成区域做了雨水利用规划，收集雨水作为区内生活杂用水。这20个区域包括11个居民生活小区和9所院校，规划区情况见表4-28。

表4-28 规划区情况一览表 m^2

地点	占地面积	建筑屋面面积	区内道路及广场等硬化路面面积	绿地面积
华北水院（老校区）	333335	153334.1	71667	108333.9
省水利学校	117000	53820	25155	38025

续表

地点	占地面积	建筑屋面面积	区内道路及广场等硬化路面面积	绿地面积
信息工程大学	1133339	521335.9	243667.9	368335.2
郑大工学院	248400	114264	53406	80730
河南财经学院	233334	107333.6	50166.8	75833.6
郑州轻工业学院	570000	262200	122550	185250
中州大学（北区）	466669	214667.8	100333.8	151667.4
郑州航院	265746	122243.2	57135.4	86367.4
河南农业大学	237000	109020	50955	77025
华淮小区	108000	49680	23220	35100
汝河小区	86400	39744	18576	28080
中方园小区	378000	173880	81270	122850
交通银行家属院	36652.91	9764.91	6888	20000
富田丽景花园小区	148500	68310	31927.5	48262.5
金水花园小区	202950	93357	43634.3	65958.7
明鸿新城小区	151200	69552	32508	49140
通利宝丽花园小区	81900	37674	17608.5	26617.5
金龙小区	43200	19872	9288	14040
阳光四季园小区	63000	28980	13545	20475
绿云小区	89100	40986	19156.5	28957.5
合计	4993725.9	2290018.5	1072658.7	1631048.7

生活杂用水是用于冲洗便器、汽车，浇洒道路、浇灌绿化，补充空调循环用水的非饮用水。随着城市化程度的加快，居民生活杂用水量会不断增加，城市供水压力将逐渐加重，将雨水作为杂用水水源或补充水源能够缓解当前的用水供需矛盾。资料显示：郑州市雨量比较丰富，多年平均降水量 640.9mm。郑州市大气质量较好，居民小区和学校的屋面雨水径流污染轻微，初期弃流后经过简单处理就可以直接回用，是水质最好的杂用水水源。一般来说，雨水中的杂质与降雨地区的环境及受污染的程度有着密切的关系。雨水中的杂质是由降水中的基本物质和所流经的地区所造成的外加杂质组成，主要含有氯、硫酸根、硝酸根、钠、铵、钙和镁离子（浓度大多在 10mg/L 以下）和一些有机物质（主要是挥发性化合物），同时还存在少量的重金属（如铜、镉、铬、镍、铅、锌）。根据我国《生活杂用水

水质标准》(CJ 25.1-89),将收集的雨水不经处理或者简单处理后应用于城市绿化用水和汽车用水、工业循环冷却水以及景观用水都是可以的。而且规划区域中的学校的地面面积较大,受污染程度较小,下垫面区域完整,对这些区域地面雨水进行适当收集也可作为杂用水的水源。

规划区域内可根据收集雨水的下垫面特征分成以下几类:建筑屋面、区内道路和广场等硬化地面、绿地。不同类型的下垫面,雨水径流的水质和径流量存在差异。建筑屋面的雨水径流量大且水质污染轻;区内道路和广场等硬化地面的雨水径流量大但水质差;绿地上雨水水质好但径流量少。资料显示:城市径流的可生化性差,COD、SS是雨水水质污染的主要指标,雨水水质污染的严重性主要表现在COD和SS上。表4-29给出郑州市屋面雨水径流COD、SS值的水质资料。由于缺乏郑州市城区道路、小区路面、绿地雨水水质资料,在此以华北地区的相关资料作为参考,如表4-30所示。

表4-29 郑州地区雨水水质指标实测值

雨水径流类型		COD_{cr}/(mg/L)	SS/(mg/L)
屋顶雨水	初期径流	100～600	80～200
	后期径流	60～100	30～80
天然雨水		20～30	—

表4-30 华北地区雨水水质指标参考值

雨水径流类型		COD_{cr}/(mg/L)	SS/(mg/L)
庭院、广场、跑道等雨水	初期径流	150～2500	100～1200
	后期径流	30～120	30～100
机动车道路雨水	初期径流	300～3000	300～2000
	后期径流	30～300	50～300
入渗铺装下集蓄雨水		10～40	<10

雨水的污染程度直接影响雨水收集回用的费用,雨水收集部位不同会给整个系统造成影响。因此应尽量收集污染较小的雨水,以便于进行简单的沉淀和过滤后就能再利用。根据上述分析,确定本次规划区域的雨水收集范围如下:对屋面雨水收集、简单净化处理,回用于杂用水;运动场地、学校区域的地面虽然不是屋面,但基本不受机动车辆的污染,水质好于小区道路雨水,且面积较大、下垫面完整,因此对该区域雨水进行收集,回用于杂用水;生活小区路面雨水相对较脏,需经一定的处理工艺后方可回用于杂用水;绿地上雨水径流水质好,经简单处理就可回用于杂用水。本次规划收集的雨水将用于小区和学校内绿化、喷洒路

面、冲洗广场和运动场、洗车等。

2. 规划区域雨水收集量、杂用水需水量计算

（1）年均可收集雨水量计算。

郑州市年均可收集雨量受气候条件、降雨量在不同季节的分配、雨水水质情况等自然因素以及特定地区建筑物的布局和结构等其他因素的制约。但对于郑州市大多数地区，年均可收集雨量可用公式（4-4）计算：

$$Q = \gamma \alpha \beta A(H \times 10^{-3}) \tag{4-4}$$

式中：Q 为规划区年平均可收集雨量，单位为 m^3；γ 为平均径流系数，可通过对各汇流单元的径流系数加权平均求得；α 为季节折减系数，α = 汛期平均降雨量/年平均降雨量；β 为初期弃流系数，β = 1 − 初期弃流雨量*年平均降雨次数/年平均降雨量；A 为集雨面积，单位为 m^2；H 为年平均降雨量，单位为 mm。

通过郑州市区降水统计资料可以看出郑州市降雨量丰富，年平均降雨量 H=640.9mm，但其年内分布不均匀，主要集中在 6～9 月份，占全年降雨总量的 64.65%左右，所以雨水可收集利用量应考虑季节折减系数，α 取值 0.65。另外，因在一次降雨过程中，初期径流污染严重，而后期的径流水质会逐渐稳定下来。所以雨水可收集利用量还应考虑初期弃流量。根据经验，屋面初期弃流量取值为 2mm，小区内道路及广场等硬化地面初期弃流量取值为 4mm，绿地初期弃流量取值为 1.5mm，年平均降雨次数取 40 次，则初期弃流系数 β 分别为 0.87、0.75、0.91。平均径流系数 γ 可根据表 4-31 所示参数来确定：

表 4-31 不同下垫面条件下的降雨径流系数

种类	各种屋面、混凝土和沥青路面	大块石铺砌路面和沥青表面处理的碎石路面	级配碎石路面	土砌砖石和碎石路面	非铺砌土路面	公园和绿地
径流系数	0.9	0.6	0.45	0.4	0.3	0.15

根据上述公式可得出各个规划小区和学校不同雨水收集区域平均每年的可集雨量，如表 4-32 所示。

表 4-32 规划区域年平均可集雨量 m^3

名称	建筑屋面年平均可集雨量	区内道路及广场等硬化路面年平均可集雨量	绿地年平均可集雨量	合计
华北水院（老校区）	50015.4	16793.6	6160.3	72969.3
省水利学校	17555.3	5894.6	2162.2	25612.1

续表

名称	建筑屋面年平均可集雨量	区内道路及广场等硬化路面年平均可集雨量	绿地年平均可集雨量	合计
信息工程大学	170052.5	57098.4	20945.0	248095.9
郑大工学院	37271.3	12514.6	4590.6	54376.5
河南财经学院	35010.7	11755.5	4312.1	51078.3
郑州轻工业学院	85526.0	28717.1	10534.0	124777.1
中州大学（北区）	70021.6	23511.1	8624.4	102157.1
郑州航院	39874.0	13388.4	4911.2	58173.6
河南农业大学	35560.8	11940.3	4379.9	51881.0
华淮小区	16204.9	11641.5	1995.9	29842.3
汝河小区	12963.9	9313.2	1596.8	23873.9
中方园小区	56717.2	40745.2	6985.8	104448.2
交通银行家属院	3185.2	2288.2	1137.3	6610.7
富田丽景花园小区	22281.8	16007.0	2744.4	41033.2
金水花园小区	30451.8	21876.3	3750.7	56078.8
明鸿新城小区	22686.9	16298.0	2794.3	41779.2
通利宝丽花园小区	12288.7	8828.1	27841.3	48958.1
金龙小区	6482.0	4656.6	798.4	11937.0
阳光四季园小区	9452.9	6790.9	1164.3	17408.1
绿云小区	13369.1	9604.2	1646.7	24620.0
总计				1195710.4

（2）生活杂用水需水量计算。

建筑小区的杂用水年需水量的计算目前尚没有统一的方法，规划区域的杂用水年需水量通过以下的分析确定：

1）绿地浇灌年需水量。根据《建筑给水排水设计规范》（GB 50015），居住小区绿化浇洒用水定额可按浇洒面积 1.0～3.0L/m^2·天计算，干旱地区可酌情增加，本研究取 2.0L/m^2·天。根据经验，绿地浇灌不是每天都发生，在降雨天不必进行浇灌。另外在雨季降雨的第二日一般也不会进行浇灌。郑州市全年降雨天数大约为 65 天，其中雨季（6～9 月份）降雨约为 42 天，据此估算绿地不浇灌的天数约为 107 天。绿地浇灌全年的需水量约为：$W1=1631048.7\times2\times10^{-3}\times(365-107)=841621.1(m^3)$。

2）道路、广场浇洒年需水量。根据《建筑给水排水设计规范》（GB 50015），居住小区道路、广场的浇洒用水定额可按浇洒面积 2.0～3.0L/m^2·天计算。根据经验，道路、广场浇洒的次数应该比绿地少。按降雨日不浇洒、非降雨日三天浇洒一次计，则全年浇洒天数为：(365−65)/3=100(d)。道路浇洒年需水量为：$W2=1072658.7\times2\times10^{-3}\times100=214531.7(m^3)$。

3）洗车年需水量。根据《建筑给水排水设计规范》（GB 50015），汽车冲洗用水定额应根据车辆用途、道路路面等级和沾污程度以及采用的冲洗方式来确定，可按表 4-33 确定。本研究汽车冲洗用水量取 50L/辆·次，每个小区或学校拥有车辆数按平均 300 辆计算，平均洗车次数按每辆每周 1 次计算，则年需水量：$W3=50\times10^{-3}\times6000\times52=15600(m^3)$。

表 4-33 汽车冲洗用水量定额 L/辆·次

冲洗方式	软管冲洗	高压水枪冲洗	循环用水冲洗	抹车
轿车	200～300	40～60	20～30	10～15
公共汽车 载重汽车	400～500	80～120	40～60	15～30

4）杂用水的年需水量。规划区域年杂用水需水量为以上 3 项用水之和，并考虑 10%的未预见水量，计算为：$W=(W1+W2+W3)\times1.1=1178928.1(m^3)$，则规划区杂用水年需水量约为 118 万 m^3。

3. 雨水储水池容积的确定

雨水储水池是雨水利用工程中的最重要设施。确定储水池的容积，主要是考虑一次暴雨可集雨量、年平均可集雨量和需水量这三个因素。应结合实际情况对一次暴雨可集雨量、年平均可集雨量和用水量进行比较后，选择最经济、合理的方案。储水池有效容积的确定一般应遵循以下原则：

1）当用水量大于可收集雨量时，兼顾城市防洪需要，建议依据一次暴雨可集雨量确定储水池的有效容积。

2）当用水量小于可收集雨量时，从经济角度出发，可直接依据用水量来确定储水池的有效容积。

根据以上计算可知：本规划区杂用水年需水量约为 118 万 m^3，规划区可集雨量约 120 万 m^3。但这只是理论上的雨水收集量，考虑到雨水收集利用的复杂性，实际雨水收集量按 80%计算。规划区雨水收集量约 96 万 m^3，少于杂用水量。因此，可以用一次暴雨可集雨量来确定规划区储水池的有效容积。

根据《建筑与小区雨水利用工程技术规范》（GB 50400-2006），一次暴雨可集雨量按照下面方法计算。

先根据当地的暴雨强度公式算出一定重现期内，一次暴雨历时所对应的暴雨强度，再算出相应的雨水设计流量 Q，最后计算出储水池有效容积 V，公式如下。

设计暴雨强度的计算公式：

$$q=\frac{167A(1+c\lg P)}{(t+b)^n} \tag{4-5}$$

式中：A、b、n、c 为当地降雨的参数；Q 为设计暴雨强度，单位为 L/(s·hm^2)；t 为降雨时间，单位为 min；P 为设计重现期，单位为年。

根据城市性质、重要性以及汇水地区类型（广场、干道、居住区）、地形特点和气候条件等因素确定，重要干道、重要地区或短期积水能引起严重后果的地区重现期宜采用 3～5 年，其他地区重现期采用 1～3 年。

根据郑州多年降雨统计资料，其降雨参数为：A=45.8，b=37.3，n=0.99，c=1.15。

则郑州市的设计暴雨强度为：

$$q=\frac{7650(1+1.15\lg P)}{(t+37.3)^{0.99}}$$

式中符号意义同公式 4-4。

本规划区采用郑州市降雨资料：暴雨时间 t=7.5min，设计重现期 P=2 年。

计算出当地暴雨强度之后，可用公式（4-6）计算一次暴雨可集雨量（即：雨水设计流量 Q），用公式（4-7）计算储水池的有效容积 V：

$$Q=\psi qF \tag{4-6}$$

$$V=Q\cdot t\times 60\times 10^{-3}-F\cdot h\times 10 \tag{4-7}$$

式中：Q 为雨水设计流量，单位为 L/s；ψ 为集雨面的平均径流系数；q 为暴雨强度，单位为 L/(s·hm^2)；F 为集雨区域面积，单位为 hm^2；V 为储水池的有效容积，单位为 m^3；t 为集雨时间，单位为 min，与计算暴雨强度的时间相同；h 为初期弃流量，单位为 mm，初期弃流量 2.0～5.0mm。

4. 雨水净化处理方法选择

根据雨水径流的水质、雨水回用的用途或水质要求选择净化处理方法。回用雨水的水质除了要符合国家相关再生水的水质标准外（见表 4-34），还要符合《建筑与小区雨水利用工程技术规范》（GB 50400-2006）的要求，见表 4-35。

表 4-34 生活杂用水水质标准（CJ 25.1-89）

项目	厕所冲洗便器、城市绿化	洗车、扫除	项目	厕所冲洗便器、城市绿化	洗车、扫除
浊度（度）	10	5	氨氮（以 N 计）（mg/L）	20	10
溶解性固体（mg/L）	1200	1000	总硬度（以 CaCO3 计）（mg/L）	450	450
悬浮性固体（mg/L）	10	5	氯化物（mg/L）	350	300
色度（度）	30	30	阴离子合成洗涤剂（mg/L）	1.0	0.5
臭	无不快感	无不快感	铁（mg/L）	0.4	0.4
PH 值	6.5～9.0	6.5～9.0	锰（mg/L）	0.1	0.1
BOD（mg/L）	10	10	游离余氯（mg/L）	管网末端水不小于 0.2	管网末端水不小于 0.2
COD（mg/L）	50	50	总大肠菌群（个/L）	3	3

表 4-35 雨水处理后 COD_{cr} 和 SS 指标

项目指标	循环冷却系统补水	观赏性水景	娱乐性水景	绿化	洗车	道路浇洒	冲厕
COD_{cr}/（mg/L）	30	30	20	30	30	30	30
SS/（mg/L）	5	10	5	10	5	10	10

本规划区内雨水的主要用途是绿化、洗车和道路广场浇洒，其水质应按洗车的水质标准确定。规划区雨水经过初期雨水径流弃流之后，雨水径流水质比较稳定，COD_{cr} 基本可控制在 70～80（mg/L），SS 在 30～40（mg/L）的范围内。选择的处理过程为：初期径流弃流→雨水沉砂池→过滤净化→储水池→消毒→杂用（绿化、洗车、道路广场浇洒）。储水池需设溢流管，并开设进人孔，以便定期清除池底沉泥。雨水过滤净化拟采用活化粉煤灰处理工艺，经试验证明，处理后的雨水水质达到了杂用水水质标准，符合《建筑与小区雨水利用工程技术规范》的相应要求。该过滤净化装置见示意图 4-6。

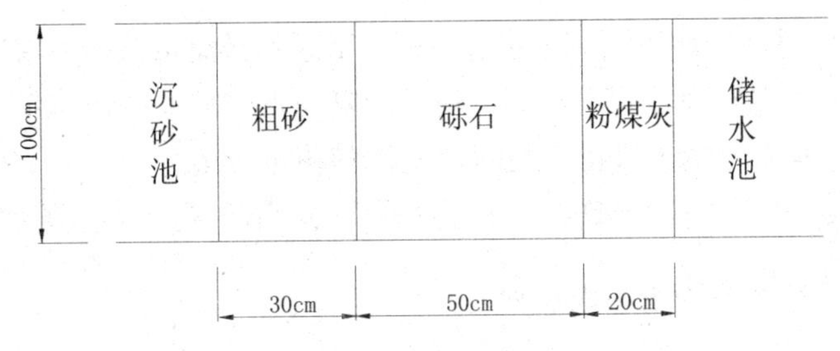

图 4-6　雨水过滤净化装置平面示意图

5. 小区集雨设施布置

雨水收集应尽可能利用建筑物屋顶、广场、运动场、道路等既有的设施，就近收集储存、就近处理利用。一般情况下，需要建立各式储水池储存收集的雨水。喷洒路面和洗车用水，根据需求量的多少建造专门的储水池。储水池的建设要按照城市建设规范和雨水利用规范要求进行，尤其是储水池的布置点，应避开各种地下管道、车行道路和人群密集处，还要方便取水。每个储水池的大小应根据屋面面积、收集管渠的距离并结合单体建筑物的特点，进行合理的规划设计。另外，绿地浇灌需要在储水池内设置具有一定压力的水泵。利用雨水浇洒路面时，洒水车可以直接从雨水储水池取水。在水质达标的情况下雨水用于洗车时，要使喷枪的喷水速度达到 3m/s 以上。

6. 生活杂用雨水利用工程经济效益分析

规划区生活杂用雨水利用工程带来的经济效益主要体现在以下五个方面。

1）节省市政投资。小区生活杂用雨水利用工程可以减少需政府投入的、用于污水处理、收集污水管线和扩建排洪设施的资金。将建筑屋面、地面雨水就近收集回用于生活杂用水，不仅可以减少雨季溢流污水、改善水环境，还可以减轻污水厂负荷，提高城市污水厂的处理效果；雨水储水池可降低城市洪水压力和排水管网负荷，也减少市政管网的维护费用。因此，可按每方水的管网运行费用和减少的外排水量计算这部分收益。

2）节省小区居民用水和物业用水开支。郑州市目前行政事业单位供水水价是 3.05 元/m^3，使用 1m^3 的自来水费用（含污水处理费）即为 3.05 元。每年将可收集的雨水（约 96 万 m^3）全部用于小区杂用水，可节省的费用高达 290 万元。而从运行管理和小区用水费用支出等进行分析，投入收集 1m^3 雨水的年运行费用不足 0.10 元。

3）节水可增加国家财政收入。这一部分收入可按目前国家由于缺水造成的国家财政收入的损失计算。据报道，目前全国 600 多个城市日平均缺水 1000 万 m^3，造成国家财政收入年减少 200 亿元，相当于每缺水 1m^3 要损失 5148 元，即节约 1m^3 水意味着创造了 5148 元的收益。

4）防洪作用降低城市河湖改扩建费用。小区外排流量减少后可减轻河道行洪压力。如果全面实施雨水利用，则可使相同降雨下的河道峰值流量不再随城市的发展而增加，从而节省数目可观的河道整治和拓宽费用。

5）产业前景广阔，能形成新的经济增长点。雨水利用的市场潜力巨大。

4.4.4 湿地修复雨水利用规划

1. 郑州市湿地类型及现状

湿地是一种具有较高生产力和较大活性、处于水陆交接相对复杂的生态系统。传统的天然湿地具有调蓄供水、调节气候、净化水体、保护生物多样性等多种生态功能。根据湿地的表现特征和内在的动力活动特征的不同分为两大类群，即自然湿地和人工湿地。自然湿地类群共 31 类，水文特征是自然湿地分类的最重要的依据。主要类型包括沼泽湿地、湖泊湿地、河流湿地、河口湿地、海岸滩涂、浅海水域等，它主要介于陆地和水体之间的过渡带。人工湿地类群共 9 类，依据其支持的产业及形态进行划分。主要类型包括灌溉地及农业泛洪湿地、蓄水区、运河、排水渠、地下输水系统、水库、池塘、水稻田等。郑州市既有自然湿地也有人工湿地，其湿地类型主要有河流湿地、湖泊湿地、水库、排水渠、输水渠、池塘。

郑州市境内有大小河流 124 条，流域面积较大的河流有 29 条，其中黄河流域 6 条，淮河流域 23 条。分属黄河水系的黄河干流及淮河水系的贾鲁河等，其中流经郑州段的黄河有 150.4km，过境支河主要有金水河、东风渠、熊儿河、七里河、潮河等；水库、湖泊有尖岗水库、常庄水库、白沙水库、西流湖、莲湖、龙湖、龙子湖、如意湖等。尖岗、常庄、西流湖是郑州市的主要供水水源，金水河和熊儿河是郑州市的主要景观河流。

郑州市区的湿地受城市建成区扩张的影响而逐渐萎缩，在城区中呈现出面积较小、分布不均匀、连接度低、孤岛式的特点，而且由于以往城市化过程中的不合理规划建设，使湿地受到污染，从而降低了其生态功能。

目前，郑州市区内湿地建设和修复面临诸多困难，如沟渠衬砌、河道硬化、湖泊水质差等。其中，保证湿地系统正常运转的大量无污染水的来源是目前面临的最大问题。雨水作为补充湿地用水的重要储备，能够缓解郑州市本就紧张的用水状况，将为重建湿地系统、建设生态城市发挥作用。本研究对东风渠、金水河、熊儿河 3 个湿地退化严重的典型区域进行湿地修复雨水利用 5 年内短期规划。在 2010－2015 年短期规划中，主要针对城区的部分自然湿地实施湿地修复雨水利用工程；在 2015－2025 年的中、长期规划中，要根据前期改造工程的完成情况，逐渐推广到所有的自然湿地，并逐步规划建设人工湿地。

2. 规划湿地区概况及雨水收集利用范围分析

（1）规划湿地区概况。

1）东风渠。郑州市东风渠为 1958 年人工兴建的引黄灌溉渠道，目前全长 19.7km。首端从皋村闸开始，末端至七里河，有金水河、熊耳河等支流注入，控制流域面积 191.9km^2。该渠主要担负着郑州市北部地区的泄洪排涝任务，在城市防汛体系中发挥着重要作用。1960 年、1961 年曾两次试放黄河水，由于泥沙淤积，造成两岸土地盐碱化，不能继续使用。后来，该渠成为郑州市北区的主要泄洪、排污河道。由于污水乱排、垃圾乱倒现象不断发生，东风渠成为令人厌恶的臭水河、污泥沟。2006 年郑州市对东风渠彻底实施了截污、清淤工程，之后引入了经过沉淀的黄河水。

2）金水河。金水河属淮河水系，是贾鲁河上游的一个分支。其发源于郑州市新密梅山北黄龙池，由西南向东北穿越郑州市区，经燕庄至金水区八里庙入东风渠，是郑州市的主要排水河道，全长 28.2km，流域面积 130.5km^2，市区段河道经治理后，底宽 20～30m。1996 年起，郑州市政府投资 1.5 亿元人民币，历时一年多，彻底疏通了金水河底，并加固河堤，分段种植树木花草，建起了一个拥有五大景区、全长 11.3km 的金水河滨河公园。金水河的水源主要是五龙口污水处理厂的中水，每天大约有 5～7 万吨中水注入这条河流。

3）熊儿河。熊儿河为季节性排水河，是郑州市城市防洪骨干河道之一，全长 21.4km，流域面积约 78km^2，曾经由于水源枯竭和沿途越来越严重的污染一度成为臭水河、污泥沟。从 2002 年起，郑州市把熊儿河纳入中心城区综合整治的重要内容，先后进行了拆迁、截污、疏挖、护砌、橡胶坝、补充水源、建筑物配套、两岸绿化及配套设施建设等工程，使污水流淌、臭气熏人的熊儿河得到改观。市区段滨河公园全长 11.24km，其中东支长 1.95km，西支长 2.13km，干流长 6.98km，3 个景区 12 个景点，总面积达 39.16 万 m^2。熊儿河的水源主要是五龙口污水处理厂的中水，每天大约有 5～7 万吨中水注入这条河流。

以上 3 条河流经综合整治之后，河岸、河床全部进行了硬化处理，雨水无法由地面直接进入河道内，割断了地表雨水和河道的联系，切断了河床和地下水的联系，违背了水循环和生态循环的规律，造成河道净化能力减弱和湿地不断萎缩、退化，使湿地完全失去了亲水边岸的和谐特征。

（2）雨水收集范围分析。

健康的城市湿地系统应需要足够的水量、良好的水质、宽阔的水面和一定的流速。城市湿地系统要保持正常的运转必须保证足够的需水量。郑州市水资源匮乏，充分利用雨水资源是城市湿地修复规划的中心环节。而雨水水质一般较好，可直接补给河流、湖泊，或者收集屋面、道路、绿地径流雨水后不做处理或只需做简单处理就可满足水质要求。本次湿地修复雨水利用规划主要考虑收集河渠两岸公园道路和绿地的径流雨水作为河渠的引水水源或补充水源。河渠两岸公园的硬化地面由于不受机动车辆污染，水质好于居民小区道路雨水，而且雨水径流量大，绿地雨水径流量小但水质最好，因此两岸公园地面和绿地的雨水径流经简单的过滤、沉淀后都可以引流入河道，作为或补充河渠引水量。

东风渠、金水河、熊儿河规划范围内的周围公园、绿地占地情况见表 4-36。

表 4-36 规划湿地范围及周围公园、绿地情况一览表

名称	规划范围	规划河段全长/m	公园道路及硬化地面面积/m^2	绿地面积/m^2
东风渠	北环路—龙湖外环东路	9300	446400	669600
金水河	淮河路—未来路	9600	230400	345600
熊儿河	中州大道与东风渠交汇处	4650	334800	502200
合计	—	—	1156152	1734228

3. 规划湿地雨水补给量计算

规划湿地雨水年均补给量可按年均可收集雨量计算，公式如下：

$$Q = \gamma \alpha A(H \times 10^{-3}) \qquad (4\text{-}8)$$

式中：Q 为规划区年平均可收集雨量（湿地雨水年均补给量），单位为 m^3；γ 为平均径流系数通过对各汇流单元的径流系数加权平均求得；α 为季节折减系数，$\alpha =$汛期平均降雨量/年平均降雨量；A 为集雨面积，单位为 m^2；H 为年平均降雨量，单位为 mm。

根据经验，公园道路和硬化地面径流系数取 0.75，绿地径流系数取 0.15，季节折减系数取 0.65，年平均降雨量即为郑州市多年平均降雨量 640.9mm。根据公式（4-8）可得出各个规划湿地雨水年均补给量，见表 4-37。

表 4-37 规划湿地雨水年均补给量 m^3

名称	公园道路及硬化地面年均可集雨量	绿地年均可集雨量	小计（湿地雨水年均补给量合计）
东风渠	139472.7	41198.1	180670.8
金水河	71985.9	21263.5	93249.4
熊儿河	104604.5	30898.6	135503.1
合计	—	—	468136.0

4. 收集、拦蓄雨水设施的布置

若要将周围公园、绿地的雨水径流补给河流湿地，应采取有效的雨水收集措

施，将雨水引入河道湿地内。

目前，郑州市为了整治河道几乎将过市河流的河岸、河床和湖塘边岸全部进行了硬化处理。本次规划的河渠也不例外，这样导致雨水无法由地面直接进入河道内。因此，必须进行改造。方法是在河道两岸加筑引水浅沟和在雨水入河口处设置净化过滤带和滞水区，对入河雨水进行过滤、沉淀，保证进入河渠的雨水水质。改造的具体位置，应根据实际情况，进行现场计算和测量，原则上是沿河道岸边每隔 1000m 建立一个 100m 的过滤进水带，并逐步拆除硬化的边岸，使之形成亲水边岸和友好河道。

另外，还需要在河道修建若干小型的梯级拦水低坝，改变水流的边界条件，抬高水面，提高河渠来水的拦蓄能力，防止集蓄的雨水进入河道后顺流排走。通过水坝截留住一部分雨水或河水，使河道常年有水。同时通过水坝的合理布置，还可以形成梯级景观效果和稳定的水面。

5. 规划湿地修复雨水利用效益分析

规划湿地修复雨水利用工程预期效益主要体现在以下几个方面。

1）规划湿地雨水利用工程可减少需政府投入的、用于污水处理、收集污水管线和扩建排洪设施的资金。

2）规划湿地雨水利用工程可以减少政府投入的河渠引水费用，减轻污水处理厂负荷，提高城市污水厂的处理效果，同时降低城市洪水压力和排水管网负荷。市政府每年往河渠湿地引水的水价按每立方米 0.4 元计算，规划湿地周围公园、绿地面积总共约 252.9 万 m^2，年均可收集的雨水量约为 41 万 m^3，则每年可节省的引水费用为：410000×0.4=16.4 万元，其综合经济效益相当可观。

3）规划湿地雨水利用工程节约了水资源，并且增加国家财政收入。这一部分收入可按目前国家由于缺水造成的国家财政收入的损失计算。据报道分析，每缺水 $1m^3$ 要损失 5148 元，即节约 $1m^3$ 水意味着创造了 5148 元的收益。

4）规划湿地经过雨水利用改造，逐渐增强了河渠湿地的自然调节功能，河水流速降低，可充分涵养地下水；河渠水质逐渐转好，水量充足，各种浮水或沉水植物逐渐丰富，鸟类或鱼类开始在此繁衍，带来良好的生态效应，其间接经济效益和环境效益显著。

4.4.5 消防雨水利用规划

1. 消防用水目标

由于消防用水不仅有水量、水压方面的要求，对水质要求也很严格。将雨水作为消防用水，不能用于化学制品制剂企业、高科技产品制作和组装企业、放射性物质生产企业、精密仪器生产企业、深加工企业，以及医院、特殊研究单位等，用水目标只能是商场、酒店、电影院、公共娱乐场所、居民小区和学校等场所。

2. 消防用水特点

《建筑设计防火规范》(GB 50016-2006) 8.1.2 条明确规定："消防用水可由给水管网、天然水源或消防水池供给。利用天然水源时，其保证率不应小于97%，且应设置可靠的取水设施。"消防用水要保证消防水源的可靠性，用雨水作为消防用水补充水源时，需要考虑水质和水量两方面的问题。

3. 消防用水水质要求

文献资料中对消防水源水质的要求是：消防用水对水质没有特殊要求，即除了城市水厂或工业企业中经过水处理后的给水可作为消防给水之外，天然水源（江、河、湖、海）均可。消防水源不能含有易燃或可燃液体。不同消防灭火设备对水质的要求是不一样的，如自动喷水灭火系统对水质某些指标的要求还是很高的。

（1）用于消火栓系统

消火栓系统管径一般不小于 70mm（对高层建筑而言)，大都采用 65mm 水龙带、19mm 水枪，附设水喉的枪口口径为 6mm。可以用水直接扑救的物质（如棉、麻、纸等）对水质无特殊要求，不会发生危险的化学反应。此时只要求消防水源中不含有易燃或可燃液体、水中的悬浮物不影响消防泵正常工作或堵塞水枪即可，没有其他特殊要求。

（2）用于自动喷水灭火系统

2001 年 7 月 1 日实施的《自动喷水灭火系统设计规范》规定："系统用水应无污染、无腐蚀、无悬浮物。可由市政或企业的生产、消防给水管道供给，也可由消防水池或天然水源供给，并应确保持续喷水时间内的用水量。"该条规定在总体上是允许利用天然水体作自动喷水灭火系统消防水源的，但具体分析其对水质的要求就会得出这样的结论：抽象肯定，具体否定（即：原则上是允许利用天然水体作自动喷水灭火系统的消防水源，但由于规范对水质要求较高而在实际应用时不能利用天然水源作消防水源)。

由以上分析可知，考虑到节约雨水处理的成本，雨水作为消防用水补充水源时，在本规划中只用于消火栓系统以及消防车用水。

4. 消防用水雨水利用量估算

大型商场、酒店、娱乐城、健身房、商业写字楼都是人群聚集的地方，消防安全非常重要，消防用水量也很大。在郑州市水资源匮乏的现状条件下，选择这类大型建筑场所进行消防雨水利用规划是非常必要的。在 2010－2015 年的短期规划中，主要针对已建的部分酒店、商场实施消防雨水利用工程。2015－2025年的中、长期规划中，要根据前期工程的完成情况，逐渐推广、发展至20个大型商场、酒店、娱乐场所等大型建筑物。因此，此次将挑选5个典型大型建筑场所作为消防雨水利用短期规划的目标，分别是：河南饭店、银基商贸城、百盛购物广场、好客隆家具城、市图书馆。雨水收集范围是建筑物屋面，收集屋面雨水径流作为商场、酒店等的消防用水补充水源。

建筑屋面雨水可收集量按照公式（4-4）计算得到。规划区建筑屋面年均可集雨量见表4-38。

表4-38 规划区建筑屋面年均可集雨量

地点	屋面面积/m^2	屋面年平均可集雨量/m^3
河南饭店	79200	25833.9
银基商贸城	37800	12329.8
百盛购物广场	18000	5871.3
好客隆家具城	90000	29356.7
市图书馆	54000	17614.0
合计	279000	91005.7

5. 消防雨水储水池的布设

屋面雨水收集尽可能利用建筑物屋顶已有的雨落管，就近收集储存、处理利用。由于对消防车的行走、停靠有专门的要求，储水池的位置选择应该尽可能方便消防车的行动和有利于救火。储水池尽量建在规划单位附近，储水池的位置为有利于消防车的停靠、行走和取水，以路边的宽阔地带为好。一般要综合考虑规划单位建筑面积大小和可收集雨量的大小，可设置容积为500～1000m^3的消防雨水储水池。《建筑设计防火规范》（GB 50016-2006）中规定："容量大于500m^3的消防水池，应分设成两个能独立使用的消防水池"。储水池应安装消防水泵，并设置取水口，以便消防车取水。消火栓的一条进水管需与水泵连接，具体消火栓进水管、消防水泵的设置应按照《建筑设计防火规范》（GB 50016-2006）的规定设计施工。另外，储水池需要设溢流管，还应留有检测孔，要定期检查储水池中的雨水是否符合要求。一般一个月检查一次水质，水质超标要及时更换储水池中的雨水。在建造雨水消防池时，要加设明显的消防标识牌，标识牌上应有储水池的水量、水质、检测和取水方法以及消防对象。

6. 投资对象、成本和预期效益

雨水利用工程投资对象的选择遵循"谁投资谁受益"的原则，消防雨水利用工程也不例外。一般需要政府部门支持，出台相关补贴、优惠政策，敦促酒店、商场等运营者投资消防雨水利用工程，促进消防雨水利用工程的推广应用。

消防雨水利用工程的投资成本需经过成本核算得出，本规划在前期示范工程研究的基础上得出，建造一个 200m^3、500m^3、1000m^3 的钢筋混凝土储水池的成本分别约 4 万元、10 万元、18 万元人民币，使用寿命一般是 20～25 年。

消防雨水利用工程的预期效益表现在以下两个方面。

1）雨水置换自来水收益。大型商场、酒店、公共图书馆都是人群聚集的地方，消防用水量很大，消防水池储水量相对来说更大，而且定期换水还造成大量自来水白白浪费。收集的雨水用于消防用水置换了自来水，减少自来水费用，其收益可根据回用的雨水量和自来水价格计算。

2）节水增加了国家财政收入。将雨水用于消防用水，节约了自来水资源。这一部分收入可按目前国家由于缺水造成的国家财政收入的损失计算。据报道分析，由于缺水造成国家财政收入减少，相当于每缺水 1m^3，要损失 5148 元，即节约 1m^3 水意味着创造了 5148 元的收益。

4.4.6 补源、回灌雨水利用规划

1. 郑州市地下水层现状

截至 2006 年，郑州市区地下水的供水有 3 个大中型地下水源地，10611 眼城市自备井和农用井，井点密度为 10.36 眼/km^2。其中深层水自备井 859 眼，有浅层水农用井 10941 眼，中深层水农用井 653 眼，地下水设计总供水能力约为 2.8250 $\times 10^8$m^3/a。

多年来，浅层地下水受中深层地下水开采的影响，早已形成漏斗或疏干。据 2006 年统计，浅层水可采资源 13298.0 万 m^3。丰水年份为 15728.6 万 m^3；平水年份为 13348.1 万 m^3；枯水年份为 11241.9 万 m^3；特枯年份为 9295.4 万 m^3；多年平均为 13440 万 m^3。地下水开采已经处于严重超采状态。据统计，1990 年区域开采量为 28.67×10^4m^3/d，承压水降落漏斗中心的平均水位埋深为 66.88m，70m 等水位线圈定面积为 129km^2。到 2000 年区域开采量为 31.09×10^4m^3/d，中心水位埋深达 74.26m，70m 等水位线圈定面积达 164.5km^2。实际情况已经超过了上面的数据，水位最大埋深已经达到 90m。地下水的过量开采，已经使郑州市地下水形成 160km^2 的深层漏斗区，并以每年 10km^2 的速度扩大。

同时如果地下水得不到有效的补充，就可能出现抽水设备继续受损、浅层地下水长期处于低水平状态，以及水质恶化等严重环境地质问题。必须采取补源回灌、封堵多余的浅井、建设透水地面等有效措施，加大有效补充能力。有效补充

主要是指降雨补给，雨水对本区浅层含水层的补水起决定性作用。

2. 补源回灌目标

如果从现在开始封闭浅层水中的多余潜水井，节制开采地下水，水位将缓慢地恢复，并需要10年以上的时间，才能消除西区降落漏斗，使部分地区的水位恢复到埋深大约6～9m的位置，15年以后才能基本消除已经产生的区域性降落漏斗。但是，地下含水层在垂直方向是密切联系的，隔水是相对的，如果加大了深层水的开采强度，也必然会影响浅层水的水位恢复。

将潜水位恢复到6～9m的目的是使地下水位处于最佳状态，把水位控制在这个水平，土壤一般不会出现盐渍化，有利于植被生存和消除地下干化层，有利于土壤和水中污染物质的降解与吸附，符合水资源可持续利用的战略原则。

3. 确定补源回灌区范围

补源回灌的目的是消除地下水降落漏斗，抬高地下水位，使之保持在一个合理的水平上。郑州市潜水漏斗主要存在于郑州市西南区和中部区，西部局部地段的潜水和承压水水位趋于一致，漏斗最深点达90m，漏斗面积约21.8km^2；中部潜水漏斗深度约为20m，面积为5.7km^2。其中西部漏斗区内年可利用雨水量为2.27×10^{6}m^3，中部漏斗区年可利用雨水量为0.59×10^{6}m^3。根据达西定律，雨水向土壤入渗的量可按下式表示：

$$W_s = \alpha KJA_s t_s \tag{4-9}$$

式中：W_s为渗透量，单位为m^3；A为有效渗透面积，单位为m^2；t为渗透时间，单位为s；α为综合安全系数，一般可取0.5～0.8；K为土壤渗透系数，单位为m/s；J为水力坡降，一般取1.0。

由式（4-9）可知，雨水渗透量受土壤渗透面积、渗透系数和渗透时间的共同影响。其中渗透面积反映了入渗设施的的工程规模，渗透面积大则入渗工程规模大。郑州市补源回灌区位置如图4-7所示。

4. 补源回灌的雨水水质

雨水中的杂质是由降水中的基本物质和所流经的地区的外加杂质组成，主要含有氯、硫酸根、硝酸根、钠、铵、钙和镁等离子（浓度大多在10mg/L以下）和一些有机物质（主要是挥发性化合物），同时还存在少量的重金属（如镉、铜、铬、镍、铅、锌），雨水中杂质的质量分数与降雨地区的污染程度有着密切的关系。为防止地下水污染、提供清洁水链，地下回灌水质必须满足一定的要求，主要控制参数为微生物学质量、总无机物量、重金属、难降解有机物等。地下回灌水质要求因回灌地区水文地质条件、回灌方式、回用用途不同而有所不同。美国制定的地下回灌标准较为严格和科学，得到广泛认可。见表4-39。

图 4-7　郑州市补源回灌区位置示意图

表 4-39　美国回灌水的水质标准

CODMn /（mg/L）	TOC /（mg/L）	硝酸盐 /（mg/L）	总氮 /（mg/L）	大肠杆菌质量分数 /（个/L）
<5	<3	<45	<10	<22

根据回灌保护地下水的要求，雨水水质大致可分为 3 种：无污染（轻污染）型、中度污染型和重度污染型。无污染（轻污染）型的雨水可不经预处理在未饱和区直接回灌，当然这并非为零负荷，因其杂质浓度足够低而不需要考虑地下水被污染或地下水水质会发生有害变化的问题；中度污染型雨水可在回灌装置中进行适当的预处理或通过一定的净化过程后回灌；重度污染型雨水的回灌只能在必需的预处理后方可进行。

5. 补源回灌地下水的方式、方法

雨水渗漏是指将雨水经过一定的处理后再渗入地下，它不仅可以减少城市雨水管网的排水量，还有利于地下水的形成，是一种间接利用雨水资源的方式。根据具体的渗透条件雨水渗透方式又可分为渗透管、渗透沟、渗透池、透水性铺装、渗透井等。根据雨水补源范围，雨水补源方式一般可分为分散渗透技术和集中回灌技术两大类。

分散式渗透可应用于城区、生活小区、公园、道路和厂区等各种条件下，规模大小可因地制宜，设施简单。但它会受到地下水位、土壤渗透能力和雨水水质污染程度等条件限制。分散式渗透又可称为地表入渗，主要是通过透水面将雨水渗入土壤补充土壤水。透水面主要形式包括绿地、透水铺装道路、干涸河道、河滩、坑塘等入渗条件较好的地面。

地表入渗适宜于水流速度缓慢、来水盘较为平稳的地区，具有结构简单、容易管理、投资少等特点，在城市绿地广场等大面积空旷处尤其适合。在透水条件良好的情况下，甚至可以吸纳部分外来水。渗透坑、塘通过人工构筑高透水性地层来提高入渗能力，满足底部具有较好入渗条件的要求。这种补源方式只能将入渗雨水补给进入潜水层，若将入渗水补给进入承压层，则需要将隔水层穿透，深度加大。坑塘可采用多种形式，如下凹较深的绿地、一般池塘或砂石坑等。坑塘入渗补给具有补给水量大、方法简单、费用低廉的特点，能够有效补充地下水。

城市道路面积不断增加，利用透水路面回灌地下水也是一种有效的补源回灌方法，应该积极推广应用。在漏斗区为了增大雨水回补量，也可将该区域道路人行道及部分机动车道改造为透水路面（如图 4-8 所示）。本次对透水路面的规划主要围绕地下水漏斗区域，建成后将大大减轻城市防洪排水压力，减少水资源浪费，增加雨水渗透量，补充地下水。本次调查选择了若干人行路面，提出了建设透水路面的设想。因为人行路面的改造工程量比较大，应尽量在新建路面上实施透水路面规划。

集中回灌地下水具有回灌容量大、针对性强、补源效果快，但使用范围受限，渗透性、补源水质要求较高，需要定期检查等特点。可根据具体渗透条件设置渗透井、渗透池、渗透桩、渗透管等。渗透井通常可利用现有的井做两用井或渗透井。将井壁做成透水的，在井底和四周铺设直径为 10～30mm 的碎石。雨水通过井壁、井底向四周渗透，也可在管壁与透水层接触处，打入水平管，提高了入渗能力。

6. 补源回灌雨水利用的效益分析

补源回灌地下水是一个长期的过程，需要较长时间完成补源回灌目标。检查补源效果的唯一方法是按时监测漏斗区潜水地下水水位。因地制宜地利用雨水回灌补源地下水不仅可以补充日益匮乏的地下水资源、减缓地面下沉、提高地下水位、避免海水入侵、耕地盐碱化、植被干枯和荒漠化，还可以改善由于城市道路硬化所引起的社会环境问题，减少城市排水系统、泵站的投资及运行费用，并可避免暴雨时城市洪涝灾害的发生。

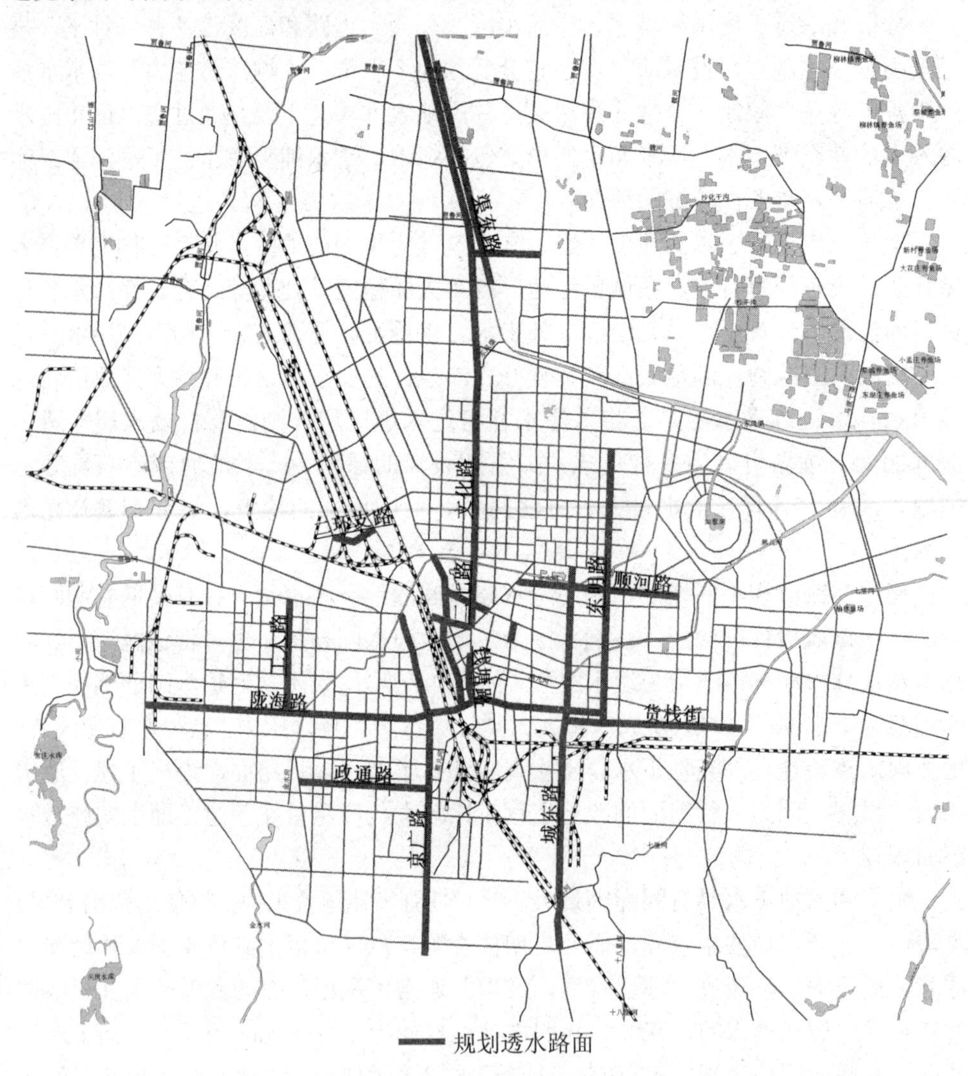

图 4-8　郑州市轻型透水路面布置图

第五章　城市雨水资源利用评价指标体系

雨水利用技术和工程建设必须有衡量标准，有评价和保障体系作为保证。下面从几个方面进行探讨。

5.1　城市雨水资源开发利用行政法规建设指标

为保障雨水资源开发利用的质量、水平、高效和规范化，制定适合于当地城市雨水集蓄利用的政策法规和行政措施，是实施雨水利用建设事业的基本保证，也是评价城市雨水集蓄利用水平的重要指标之一。

为推进城市雨水的资源综合利用，加强城市雨水设施建设，实现雨水资源化管理，国家制定有《中华人民共和国水法》《河南省节约用水管理条例》和《城市中水设施管理暂行办法》等基础性规定。在此基础上，本次研究给出了雨水资源开发利用的评价指标体系，重点强调和明确了以下几个方面的问题。

5.2　城市雨水资源开发利用管理与责任指标要求

雨水利用政策法规和规划的落实，必须具备有效的运行机制和责任制度，必须有适宜的雨水利用评价指标和标准，这是实施雨水集蓄利用技术的关键。在管理、责任等运行机制方面作出了相应的规定，其中的几项主要条件是：

1）市水行政主管部门负责管理全市雨水利用工作；市建设行政主管部门协同市水行政主管部门开展城市雨水利用设施的规划、建设管理工作；日常监督管理工作由市节约用水办公室负责。

2）政府鼓励单位和个人投资建设雨水中水利用设施，从事雨水中水利用经营活动。单位和个人建设的雨水中水利用设施，实行“谁投资谁受益，谁受益谁付款”的原则。

3）雨水及中水设施的管道、储水等设备，严禁与其他供水设施直接连接。中水及雨水设施外表应全部涂成浅绿色，并在出水口标有“非饮用水”字样。

5.3 城市雨水资源开发利用建设规划指标要求

规划是城市雨水利用的科学技术依据，也是评价城市雨水利用水平的指标之一。规划评价指标重点要体现以下几点：

（1）规划要求

凡是占地面积在50000m^{2}以上的新开发建设或改、扩建的区域，应首先编制雨水利用规划，再进行雨水利用工程设计；雨水利用规划应以区域总体规划、详细规划为主要依据，并与排水规划、防洪规划、绿化规划和生态环境建设规划等专项规划相协调或同时开展；规划应体现对雨水的回用、下渗等综合利用，有利于减小外排水量和峰值流量。

（2）规划内容

雨水利用规划内容包括：规划目标（近期规划、中远期规划）、雨水利用分类分区、工程布局、雨水控制与利用的相关要求、规划雨水利用量估算及投资估算。

（3）规划执行与落实

雨水资源利用规划的执行和落实是基本要求。每年都应该通过相关部门制定雨水利用计划或规划，以保证规划的真正实施。

5.4 城市雨水开发利用技术指标要求

1. 体现雨水资源多种形式的开发利用

雨水的广泛运用体现在绿地灌溉、景观用水、湿地修复养护、环境用水、清洁用水、工业用水甚至生活用水等方面。雨水资源开发的深度和范围越好，则雨水的利用水平越高。

绿地灌溉：绿地灌溉是雨水利用的主要用项，要按照降雨量的多少、区域集水的能力以及现场绿地的多少设计雨水用量，一般要求城市绿化部分的面积占48%，其中绿地覆盖面积在25%以上。如果绿地全部由雨水灌溉，则完成的单向指标为优。

景观用水：各种人工喷泉、水池、养鱼池、小型人工湖水面需要保障水的供给。许多单位原来都是用自来水作为水源，现在充分利用季节性特点可以改造成全部或部分由雨水供给。

湿地修复养护：在城市化建设形成规模之前，几乎所有的城市区都有大型或零星湿地，城市化建设使湿地消失已经是不争的事实。充分利用雨水资源修复和养护城市湿地是极好的措施。

环境用水：主要是借助于草地、沟塘、渗井等形式将雨水集蓄并渗入城区的地下含水层，使地下水位和水量保持在一定的水平上。

清洁用水：主要用于喷洒路面、洗车、冲厕和清洗建筑物等。2008年奥运期间建成的鸟巢外表面清洗用水就全部来自集蓄的雨水。

工业用水：工业稀释、降温、产品冲洗以及成分分离等用水，可以用雨水替代传统的自来水。

生活用水：主要是用于城市居民家庭用洗衣、淋浴、牲畜饮用以及食品制作等。但是生活用水的水质必须经过处理并符合生活饮用水的标准才行。

以上几个雨水资源利用的方向对水质的安全方面的要求不同，后三项用水对水质的要求最高，应该达到生活饮用水的水质标准。

2. 雨水资源开发利用量的确定与控制

城区降雨总量由年平均降雨强度和年平均降雨量确定。

城区降雨量分布特征由7～9月份降雨量所占比例和其他月份所占比例确定。

城区降雨量的分流由入渗量、径流量、蒸发量、可截留利用量、城区雨水资源的利用量比例控制。

3. 雨水资源利用工程技术要求

①小区内的人行道、非机动车道宜采用透水铺装地面，将雨水渗入地下或下渗后收集回用。

②城市道路宜采取相应雨水利用措施。红线内绿化带宜采用下凹式绿地；人行步道宜采用透水地面，并应同时满足承载力和冻胀要求；道路雨水口宜采用环保雨水口，雨水口可设于绿地内，但进入绿地前宜经适当处理，道路雨水管道接入河道前宜设置调控排放设施。

③城市河道雨洪宜就近引入公共绿地集蓄下渗，不具备条件时可在保障防洪安全的前提下通过闸、坝、堰等进行调控利用。

④高架立交桥面雨水应利用高程关系收集利用。立交桥区其他道路雨水应结合桥区绿地进行收集和综合利用。

⑤城市公共排水系统宜在适当位置设置雨洪调蓄池和流量控制井，采用调控排放的形式进行雨水利用。城市公共雨水管接入河道前应设置污物分离设施，并适当设置雨水利用设施。

⑥河湖在保障安全的前提下宜进行汛期水位的调节利用，使较多雨水拦蓄在河湖内。

⑦季节性河道及沿岸，应采取措施就地拦蓄和下渗雨水。

4. 透水地面的铺装

①透水铺装地面应在土基上建造，并自上而下设透水的面层、找平层、基层和垫层。面层的渗透系数应大于 1×10^{-1}m/s，找平层、基层和垫层的渗透系数应不小于面层的渗透系数。

②透水面层可采用透水混凝土、透水砖、草坪砖等。找平层和垫层可采用无砂混凝土、砾石、砂、砂砾料等或其他组合。

③当面层采用透水砖时，应采用三维透水方式，满足节能、节水、节材要求，其抗压强度、抗折强度、抗磨长度等应符合 JC/T 945-2005 的规定。

④透水铺装地面应满足相应的承载力和抗冻要求。

⑤铺装层应有存储雨水的能力，其各层的最小孔隙率应不小于 8%，且所用透水混凝土的有效孔隙率应大于 10%，砂砾料和砾石的有效孔隙率应大于 20%，铺装层的厚度应不小于 25cm。

⑥透水地面的设计降雨重现期应不小于 2 年，铺装层容水量应不小于 2 年一遇 60min 降雨量。

⑦透水地面的透水效果由综合透水能力反映。依据采用 2 年一遇 1h 降雨量对应的综合透补能力 I_{s2} 对透水地面进行等级划分，划分标准见表 5-1。

表 5-1 透水地面等级

级别名称	符号	标志	I_{s2} 范围	备注
无级	TS_N	无	I_{s2}<22mm	22mm 相当于 1 年三遇 60min 降雨
初级	TS_0	★	22mm≤I_{s2}<35mm	35mm 相当于 1 年一遇 60min 降雨
一星级	TS_1	★	35mm≤I_{s2}<45mm	45mm 相当于 2 年一遇 60min 降雨
二星级	TS_2	★★	45mm≤I_{s2}<56mm	56mm 相当于 5 年一遇 60min 降雨
三星级	TS_5	★★★	56mm≤I_{s2}<66mm	66mm 相当于 10 年一遇 60min 降雨
四星级	TS_{10}	★★★★	66mm≤I_{s2}<76mm	76mm 相当于 20 年一遇 60min 降雨
五星级	TS_{20}	★★★★★	76mm≤I_{s2}	

5. 雨水净化处理技术

①回用的雨水应采取初期径流弃除、沉淀、过滤、消毒等处理措施达到回用对象所要求的水质标准。

②雨水收集回用可采用以物化法为主的工艺流程，如初期径流弃除、格栅、沉淀、过滤等。当有条件时可采用生态净化技术，如人工土壤滤池、雨水生态塘、雨水湿地等；当对水质有较高要求时，可增加相应的深度处理措施。

③根据雨水回用的用途，如有细菌学指标要求时应在回用前进行消毒处理；但当雨水回用于不与人体直接接触的水体时，消毒可作为备用措施。消毒处理方法的选择，可按国家现有有关要求执行。

④雨水收集回用系统应设初期径流弃除设施（屋面绿化除外），初期径流弃除量应根据实测雨水中化学需氧量、悬浮物、决氮、总磷等污染物浓度确定。机动车道路的初期径流应排入污水管道或市政雨水管网。

⑤蓄水池或沉淀池前应设置拦污设施，特别防止油污和漂浮物进入下游。池前应安装格栅，格栅应是自启式的，便于管理。道路、广场和非机动车道的雨水口内应有拦污设施。

⑥宜将沉淀池的沉淀功能并入雨水池内。沉淀池内应设置不小于 0.01 的纵坡和泥区，可将沉淀物通过排污管排入初期径流池后清除，排污管的管径应不小于 100mm。

⑦过滤池一般采用单层滤池或双层滤池，条件具备时可采用土壤过滤。宜采用石英砂、无烟煤、重质矿石、硅藻土等滤料或其他新型滤料，或采用清净的碎石、中砂和细砂做滤料。

⑧在空间允许的情况下，可采用生物滞留净化设施对雨水进行处理、净化、滞留和调蓄，如生物滞留池、生态塘、人工湿地等，其设计可参照相关规范执行。

⑨下面给出一个北京市制定的水质处理标准（如表 5-2 所示）供参考。实际上，雨水利用中对水质的要求是不相同的，有的不需要进行净化处理，而有些应用场合则必须对雨水进行深加工才可以应用。

表 5-2　北京地区雨水水质指标参考值 mg/L

雨水径流类型		化学需氧量	悬浮物	氨氮	总氮	总磷
屋顶雨水	初期径流	150～2000	50～500	10～25	20～80	0.4～2.0
	后期径流	30～100	10～50	2～10	4～20	0.4～0.4
庭院、广场、跑道等雨水	初期径流	150～2500	100～1200	5～25	5～40	0.2～1.0
	后期径流	30～120	30～100	1～4	5～10	0.1～0.2
机动车道路雨水	初期径流	300～3000	300～2000	5～25	5～100	0.5～2.0
	后期径流	30～300	50～300	2～10	5～20	0.1～1.0
入渗铺装下集蓄雨水		10～40	<10	0.2～2	4～20	0.05～0.2

6. 工程安全

①立交高架桥面雨水的存储设施宜结合桥墩分散布置，当位于地上时应保障安全和美观。

②小区雨水存储和滞蓄设施的布置应保障居民安全，远离居民活动区域和停车场。

③城市雨水管线内雨水的滞蓄和存储设施宜布设在面积足够的绿地内。河道雨洪宜就近利用公共绿地滞蓄，以便达到防洪的目的。

④必须按照用户对水质要求进行雨水供应，水质不达标则不能供水。

7. 投资和效益

总的原则是：简便易行、利于推广、安全可靠、成本低下、成本回收年限较短。

5.5 城市雨水资源开发利用评价体系表

雨水资源开发利用的质量、水平、技术和方法、高效性以及管理和有效监督措施等，都必须有一个统一的衡量标准和一个科学的雨水利用评价指标体系。通过综合以上几项内容，制定了一个技术评价体系表（如表 5-3 所示），表中内容是济源市的雨水利用情况，表中的评价结论是：雨水利用处于中等水平。其他地区或部门均可参考应用。

表 5-3 雨水集蓄利用技术评价体系表（填写城市：济源市）

No	项目	利用形式	评价指标内容	有	无	等级	说明
1	法规政策	政策	济源市雨水、中水利用管理规定	有			已有通用法规
2		规范			无		
3		地方法规			无		
4	管理与责任		市水利局主管、建设局协同、节水办主持工作	有			
5	雨水集蓄利用程度		可用雨水量的 50%、24%、10%、5%、1%	有			5%
6	规划指标要求	综合规划	城市雨水利用综合规划（近、中、远）		无		
7		绿地灌溉	部分、局部、少量、试点	有			局部
8		景观用雨水	湿地、小区水面、喷水池、回灌地下水等	有			多处有
9		清洁用雨水	洗车、喷洒路面、清晰建筑物、冲厕		无		
10		工农业用雨水	已有 24 个农业用储水池，拟续建 30 个储水池	有			
11		生活用雨水	淋浴、厨房洗涤、生活饮用水		无		
12		年度台账	制定年度（2009 年 10 项）雨水利用计划台账	有			
13		检查	落实和检查措施		无		

续表

No	项目	利用形式	评价指标内容	有	无	等级	说明
14		雨水规范要求	技术上已按建筑规范要求施工	有			满足要求
15		雨水用量指标	近期开发利用 5%，中期 5 年 10%，远期 30%	有			近期完成
16		应用方式指标	绿地灌溉、景观用水、环境用水、清洁用水等	有			局部应用
17		透水路面指标	建设透水（非渗水路面）路面的公里数比例		无		
18	技术指标要求	水质指标要求	属于灌溉和景观用水，已满足用水水质要求	有			满足
19		安全指标要求	集雨、传输、储存和应用雨水应达到安全指标	有			局部满足
20		建筑规范要求	集雨、传输、储存和应用设施应满足建筑规范	有			满足
21		管理指标要求	专门管理、投资者受益、奖励和处罚的实施		无		基本无
22		成本与效益	已建成部分工程成本较高，但效益好	有			效益好
23		同步设计施工	坚持规划、设计、施工与城市建设同步		无		
24	综合评价	依据前 23 项指标完成情况，可从“**优秀、良好、中等、及格、差**”等中选择一项，作为评价结论	综合结论				**中等**
25	说明	评价方法采用了模糊评判方法					

第六章 城市雨水资源利用法规与政策

研究表明，雨水资源开发利用中最大的问题是缺少系统完善的政策法规保障措施。有些雨水利用工程建设项目已经写入政府年度工作计划，但实施起来非常随意，没有有效的责任约束。为了建设规模性的雨水利用工程，本章从管理规定、法规政策、监督保障和宣传教育等方面，强调了建立相应政策保障体系的重要性，提出了河南省城市雨水利用管理条例建议稿。

6.1 建立指标性雨水利用法规条款

在城市化建设过程中，未来拟建新建小区、学校和公共事业单位都要全面建设集雨工程。当产生降雨时，要求新建小区、学校、公共事业单位的区域内不能产生外流性地面径流；5 年一遇的降雨不能排出本小区；降雨量在 40mm/h 和 200mm/d 以下时，市政设计部门不能随意增加排水系统的径流系数设计值；在上述降雨和排水条件下，如果产生地面径流，要做到就地储存，就地消化，不能向邻区和市政排水系统大量排放雨水；凡是违反规定的单位和个人，按照城市建设标准和环境保护标准进行补偿。有了此种硬性规定，任何单位或个人自然会主动建立各种雨水存储和应用设施。

6.2 制定更加符合实际的法规和政策

政府部门应加强协调，通过立法机构制定多方都可以接受、更符合实际的城乡雨水利用管理条例。2001 年水利部发布实施了《雨水集蓄利用工程技术规范》（SL 267-2001）行业标准；2007 年建设部颁布实施了《建筑小区雨水利用工程技术规范》（GB 50400-2006）。这些技术规范仅仅从技术层面上，对城乡雨水利用工程建设进行了规划、设计、施工、技术、质量、安全等方面的保障和指导作用，但是规范不能保证雨水利用工程建设规划或计划的实际落实。事实上，在很多情况下，雨水利用变成了一种可做可不做的事情，具有很大的随意性，没有法律约束和硬性指标。

《建筑小区雨水利用工程技术规范》的条款规定十分细致，但却忽略了工程实施的灵活性。比如，规定硬化地面的积水在 30cm 时，可以建设储水池。实际上，只有径流而没有积水的地区也可以建成储水设施。在许多已经建成储水设施的单位、小区或街道广场，雨水利用都能用很小的成本完成雨水利用工程改造建设任务。城市雨水利用工程建设的突出特点是它的灵活性，同时又不违反市政工程建设的各项规范和条例。

6.3 实施更有效的雨水利用监督保障措施

透水路面砖材的透水性（渗透系数或透水率）必须达到规定的标准才能起作用。目前在许多城市道路工程建设中，使用的行人路面砖材是一种渗水砖，或叫荷兰砖。它的透水性能差，仅仅起到渗水作用。本研究推荐的新型透水砖或类似透水砖具有很强的透水和集水功能，与同类砖材相比，透水性强、节省材料、节约能源、可形成地下输水和储水网络，适用于各式路面和广场铺设。对于生产透水砖材或者进行透水混凝土制作的公司及厂家，应实施优惠政策。同时对生产室外非透水地面砖材的厂家，或由于使用了非透水材料铺设室外地面而引起雨水自然流态改变的建设单位和个人，应收取环境和资源补偿费用。

6.4 加强宣传，制定有利于雨水利用的措施和办法

（1）鼓励全民、集体单位和个人开发利用城市雨水资源，凡是利用了雨水资源的单位或个人，应给予水的价格补贴和奖励。

（2）大力宣传雨水利用的社会和环境意义，努力提高城市居民（包括部门领导和各类工程技术人员）的环境意识。

（3）在市政建设中，对已经建成的不透水地面（广场和道路），政府部门应当投入一定的资金，有计划地进行地面改造，争取在限定期（年）内完成透水地面的调整与更新，以保护环境\防治城市灾害的产生。

（4）在工程建筑物改造中，推广雨水利用简易办法，让单位和城市居民，建立小范围的雨水利用工程，并给予政策性鼓励。

（5）凡是新建城市小区、小区改造以及业主单位的自身建设，在设计和施工的同时都必须有同步的雨水利用措施，否则视为环境保护项目不合格而禁止批准设计。

6.5 规划设计应兼顾经济效益、环境效益和社会效益

城市雨水利用与径流污染控制应尽可能采用生态化和自然化的措施，并符合可持续发展的原则。在经济上应兼顾近期目标和长远目标，资金等条件有困难时可以分阶段实施。方案比选和决策时不应仅限于经济效益，还应考虑到环境效益、社会效益等。解决方案应突出系统观点，标本兼治，将雨水利用与雨水径流污染控制、城市防洪、生态环境的改善相结合，坚持技术和非技术措施并重，因地制宜，力求环境、生态、美学、人与自然的和谐统一。为此，制定了河南省城市雨水利用管理条例（建议稿）和济源市雨水、中水利用管理规定（修改稿）。

6.6 河南省城市雨水利用管理条例（建议稿）

河南省城市雨水资源利用管理条例

（建议稿）

第一章 总则

1.1 为了建设节水型现代化城市，节约用水，实现雨水资源化利用，修复水环境和生态环境问题，减少水体污染和城市洪涝灾害，根据《中华人民共和国水法》《中华人民共和国防洪法》《河南省节约用水管理条例》《建筑与小区雨水利用工程技术规范》（GB 50400-2006）和《雨水集蓄利用工程技术规范》（SL 267-2001）等法律、法规和规范，结合我省实际，制定本条例。

1.2 本省行政区域内的城市雨水资源利用及其管理活动，适用本条例。

1.3 有特殊污染源的区域，其雨水资源利用工程设施建设和管理应经专题论证。

1.4 在收集的雨水不具备生活饮用水标准和条件的情况下，严禁该雨水进入生活饮用水给水系统。

1.5 雨水资源利用设施的设计中，应与相关室外总平面设计、园林景观设计、建筑设计、给水排水设计等专业密切配合，相互协调，进行统一规划设计。

1.6 本条例所称雨水资源利用是指针对因建筑屋顶、路面、广场硬化和建筑物阻挡雨水径流与下渗，以及城市重大灾害导致的区域内积水、径流量增加和缺水，而采取的对雨水进行就地收集、入渗、储存、处理、利用等措施。

1.7　雨水资源利用设施的建设和管理除符合本条例外，还应符合国家现行有关标准的规定。

第二章　雨水资源利用设施的规划、设计与施工

2.1　雨水资源利用设施的设计、施工要结合再生水利用设施的建设，遵循建设工程地面硬化后不增加建设区域内雨水径流量和外排水总量的原则，严格按照《建筑与小区雨水利用工程技术规范》（GB 50400-2006）和国家及地方现行相关标准、规范的规定，建设雨水收集利用设施。

2.2　雨水资源利用设施是指雨水的收集设施、入渗设施、储存回用设施、处理设施、传输、调蓄、净化和排放设施、雨水利用终端设施及相关附属设施等的总称。

2.3　雨水资源利用设施是节水设施的重要内容之一。符合下列条件之一的新建、改建、扩建工程项目，建设单位应当按照节水“三同时”的要求同期配套建设雨水收集利用设施:

（一）凡是占地面积在 50000m^2 以上的新开发建设或改、扩建的区域，应首先编制雨水利用规划，再进行雨水利用工程设计；雨水利用规划应以区域总体规划、详细规划为主要依据，并与排水规划、防洪规划、绿化规划和生态环境建设规划等专项规划相协调或同时开展；规划应体现对雨水的回用、下渗等综合利用，有利于减少外排水量和峰值流量。新开发区域内的雨水外排量不能超过开发前的设计雨水峰值外排量，否则，缴纳额外增加的排水处置费和环境养护治理费；

（二）民用建筑、工业建筑的建（构）筑物占地与路面硬化面积之和在 1500m^2 以上的建设工程项目。雨水利用设施应满足不增加工程建设前的相应设计排水峰值量，或者雨水收集量能达到区内雨水可开采利用量的 1/3 以上；

（三）总用地面积在 2000m^2 以上的公园、广场、绿地等市政工程项目。雨水利用设施应满足不增加工程建设前的相应设计排水峰值量，或者雨水收集量能达到区内雨水可开采利用量的 1/2 以上；

（四）城市道路及高架桥等市政工程建设项目。

2.4　有特殊污染源的医院、化工、制药、金属冶炼和加工企业等，在建设雨水收集利用设施时，建设单位应当召开有相关行政主管部门参加的专题论证会。

2.5　雨水资源利用设施的规划、设计和施工，建设单位应当委托具有相应资质的单位承担。施工前，建设单位组织专家对设计方案进行论证后，应当到市节约用水管理机构办理建设备案。雨水收集利用设施竣工后，应当经市节约用水管理机构组织验收合格后方能投入使用。

2.6 雨水收集设施的设计规模应当根据雨水收集设施所在区域内的设计降雨厚度，并结合工程项目内所有汇水面积，运用公式（1）计算出年总积水量：

$$Q = H_n \times \psi \times \alpha \tag{1}$$

式中：H_n 为年平均降水量，单位为mm；A 为汇水面积，单位为m^2；ψ 为径流系数，道路径流系数取0.75；α 为折减系数，考虑季节、蒸发、初期弃流等因素，取0.45。

在6～9月，如果在降雨积水区建立储水池，需要了解积水区的24h积水量，利用公式（2）计算出日积水量，作为设立储水池的依据。

$$q = H \times A \times \psi \times \alpha \tag{2}$$

式中：H 为24h降水量，单位为mm；q 为日积水量；α 为折减系数，在此考虑蒸发、初期弃流等因素，取0.6。

2.7 根据年积水量或日积水量，选择储水池的体积、大小、形状。根据所建位置和收集雨水量的不同，以及雨水的来源、雨水资源量和需求量的多少，储水池大小可以设计为1500m^3、1000m^3、900m^3、500m^3、200m^3、100m^3不等，还可设计成50m^3的池子。储水池的结构和形状可以是长方形或圆柱型钢筋混凝土、素混凝土或砌块抹面储水池，一般是以长方形的立方体储水池最多。

2.8 储水池的位置选择需通过对积水区域的地质和地理条件进行勘察，需将储水池设置在易于积蓄雨水且需改善水环境及用水量较多的区域。储水池的大小、形状、数量和单个池的储水量是由储水池位置和雨水供给条件决定的。

2.9 雨水收集利用应当因地制宜，结合具体项目实际情况设计，优先考虑储存直接利用、入渗回补地下水或者综合利用：

（一）地面硬化利用类型为建筑物屋顶，其雨水应当集中引入储水设施处理后利用，或者引入地面透水区域，如绿地、透水路面等进行蓄渗回补；

（二）地面硬化利用类型为庭院、广场、停车场、公园、人行道、步行街等建设工程，应当首先按照建设标准选用透水材料铺装，或者建设汇流设施将雨水引入透水区域入渗回补，或者引入储水设施处理利用；

（三）地面硬化利用类型为城市道路及高架桥等市政基础设施，其路面雨水应当结合沿线的绿化灌溉设计建设雨水收集利用设施。

2.10 雨水资源利用系统的设计在满足收集、处理、储存回用和入渗的基础上，还应当考虑调蓄排放功能，有利于削减雨水洪峰径流量，有利于减轻排水和水处理负荷。

2.11 建设工程的附属设施应当与雨水资源利用设施相结合。景观、循环水池可以合并设计建设为雨水储存利用设施；绿地应当设计建设为雨水滞留设施。

用于滞留雨水的绿地应当低于周围路面50～100mm；设于绿地内的雨水口，其顶面标高应当高于绿地20～50mm。

2.12 建设项目中涉及雨水设施的内容应纳入施工合同中，建设单位、施工单位、监理单位在项目建设过程中，应严格按照审查合格的设计文件和合同约定的内容进行施工。

2.13 建设项目竣工后，市政公用管理部门应严格按照有关节水法规进行验收。

第三章　雨水资源利用设施建设

3.1 符合第十二条规定条件的已建成企业、单位、住宅小区和公园、广场、绿地、城市道路、高架桥等市政基础设施，具备建设场地条件的产权单位、管理单位或物业管理企业应当按照要求逐步补建雨水收集利用设施；主城区政府、各开发（度假）区管委会和市级相关行政主管部门，负责督促或组织各产权单位、管理单位或物业管理企业补建雨水收集利用设施。

3.2 建设单位在编制建设工程项目设计任务书时必须按本规定要求，在工程设计任务书中予以明示。在编制项目报告或可行性研究报告时，应对建设工程的雨水资源利用进行专题研究，并在报告书节水篇章中设专项说明。

3.3 雨水利用工程设施建设和管理按照“谁投入、谁受益，谁受益、谁管理”的原则执行，公益性的雨水利用工程由政府主管部门责成业主管理。

第四章　雨水利用工程建设管理

4.1 市水行政主管部门具体负责城市雨水资源利用设施管理的日常监管工作。

4.2 未按要求设计、建设雨水利用工程的，属于设计、施工、监理、审图责任的，由建设行政主管部门负责监督处理；属于建设业主责任的，由市政公用管理部门负责监督处理。

4.3 城市雨水利用的规划、设计和工程施工的审批核准，由市水行政主管部门、市政建设部门和市环保部门共同完成。

4.4 建设单位应当将有关部门审查通过的建设项目施工图设计文件中有关雨水资源利用部分的文件及其审查意见报市节水管理机构备案。

4.5 建设项目的雨水资源利用设施规模和雨水资源用途等发生变更时，应当按原审查程序报请批准。

4.6 施工、监理单位和质监部门在项目建设工程中，应严格按照审查合格的施工图设计文件进行雨水利用设施施工、监理和监督管理。对于擅自更改设计的，建设单位不得组织竣工验收。

4.7 建设项目竣工后，建设单位在申请规划验收的同时应当申请水务主管部门对雨水资源利用设施进行竣工验收。

第五章 雨水资源利用工程管理

5.1 市政公用管理部门的水务管理部门具体负责对建设工程雨水利用设施的监督管理工作。未经验收或验收不合格的建设工程，市政公用管理部门不得核定用水指标，不得核发排水许可证，并负责监督整改到位。

5.2 建设单位要加强对已建雨水利用工程的管理，确保雨水利用工程正常运行。对长期不能使用的，城市节水管理部门应限期建设单位进行修复。

5.3 雨水资源利用设施维护管理应建立相应的管理制度。工程运行的管理人员应经过专门培训上岗。在雨季来临前对雨水利用设施进行清洁和保养，并在雨季定期对工程各部分的运行状态进行观测检查；应定期对雨水资源利用设施运行状态进行观察，发现异常应及时处理。雨水资源利用管理单位不得擅自停止使用已建成的雨水资源利用设施。

5.4 储水设施指雨水储水池、雨水蓄水池以及清水池等，储水设施的清淤每年不应少于 1 次。汛期应经常观察储水池的变化，当储水池达到设计水位时，应设置自动排水调节口或及时关闭进水口，对输水设施及储水工程的泄水管（口）应经常进行疏掏，保持畅通。

5.5 储水设施宜保留深度不小于 20cm 的底水，防止开裂。寒冷地区开敞式水池冬季应采取防冻措施，防止冻害。

5.6 储水设施应随时检查窖盖和进水口是否完好。除作为微灌水源的水池外，湿润地区开敞式水池可发展水面种植或养殖，或在池边种植藤蔓植物。储水池进入孔应加盖（门）锁牢。

5.7 雨水资源利用设施的维护管理宜按表 1 进行检查。

表 1 雨水收集回用设施检查内容和周期

设施名称	检查时间间隔	检查/维护重点
集水设施	1 个月或降雨间隔超过 10 日之后	污/杂物清理排除
输水设施	1 个月	污/杂物清理排除、渗漏检查
处理设施	3 个月或降雨间隔超过 10 日之后	污/杂物清理排除、设备功能检查
储水设施	6 个月	污/杂物清理排除、渗漏检查
安全设施	1 个月	设备功能和完好率检查
用水终端	1 个月	设备功能和完好率检查

注：集水设施包括雨水收集相关设施，如雨落管、储水与排水口、净化器、集水管沟等。

5.8 处理后的雨水水质应进行定期监测。

第六章 监督与保障措施

6.1 未按要求咨询研究、规划、设计、建设雨水利用工程的，属于咨询研究责任的，由发改部门负责监督处理；属于规划设计责任的，由规划行政主管部门负责监督处理；属于设计、施工、监理、审图责任的，由建设行政主管部门负责监督处理；属于建设业主责任的，由城市节水管理部门负责监督处理。

6.2 市公用管理部门由市水务主管部门履行下列职责：

（一）监督检查城市雨水资源利用规划、设计规划执行情况；

（二）监督检查城市雨水水质、水量达标情况；

（三）监督检查城市雨水资源利用工程和设施运行情况；

（四）监督检查城市雨水资源利用规划和年度计划执行情况；

（五）受理有关城市雨水资源利用的投诉，及时调解纠纷，查处违法行为。

6.3 市人民政府或者市城市节约用水行政主管部门对城市雨水收集利用工作做出显著成绩的单位和个人应当给予表彰奖励。

6.4 建设单位在建设区域内开发利用的雨水，不计入本单位的用水指标，且可自由出售。在规划市区、城镇地区等修建专用的雨水利用储水设施的单位和个人，可以申请减免防洪费、水资源费以及个人销售税。办理防洪费等减免的具体办法由市节水办公室、市计委等部门联合制定。

第七章 法律责任与处罚制度

7.1 市政管理部门以及有关部门工作人员不按照本条例规定履行职责或者滥用职权、徇私舞弊、玩忽职守的，由所在单位或者监察部门依法追究行政责任；涉嫌犯罪的，依法移送司法机关处理。

7.2 建设单位不按照本条例规定要求建设雨水资源利用设施的，由城市相关公共部门主管部门责令改正，并处以三万元以上五万元以下罚款。

7.3 建设单位不按照本条例规定要求编制并送审建设项目雨水资源利用评估报告和雨水资源利用设施建设报告、不按规定进行雨水资源利用设施竣工验收的不予核定用水、排水计划和禁止工程运行。

7.4 建设单位对本条例的具体行政行为不服的，可以依法申请行政复议或者提起行政诉讼。

第八章　附则

8.1　建设单位在建设区域内开发利用的雨水，不计入本单位的用水指标。

8.2　城市公用管理部门应当组织对建设项目的雨水资源利用设施的设计、施工、监理人员和设施投入使用后的日常管理人员进行雨水资源利用相关知识的培训和考核。

8.3　本条例自颁布之日起执行。本条例颁布后，进行施工图设计审查的项目执行本条例。

6.7　济源市雨水、中水利用管理规定（修改稿）

济源市雨水、中水利用管理规定

（修改稿）

第一章　总则

第一条　为加强城市雨水、中水设施建设管理，推进济源城市雨水、污水的综合利用，实现污水资源化，根据《中华人民共和国水法》《河南省节约用水管理条例》和《城市中水设施管理暂行办法》等有关规定，制定本规定。

第二条　本规定所称中水是指城市污水经处理净化后，达到国家《城市杂用水水质标准》或其他用途的相应回用水水质标准，可在一定范围内重复使用的非饮用水。

本规定所称中水及雨水设施，是指中水及雨水的净化处理、集水、供水、计量、检测设施以及其他附属设施。

中水及雨水主要用于厕所冲洗、园林浇灌、道路清洁、车辆冲洗、基建施工、景观及设备冷却水、工业用水以及可以接受其水质标准的其他用水。

第三条　市水行政主管部门负责管理全市雨水、中水利用工作；市建设行政主管部门协同市水行政主管部门开展城市雨水、中水设施的规划、建设管理工作；日常监督管理工作由市节约用水办公室负责。

第四条　政府鼓励单位和个人投资建设雨水中水利用设施，从事雨水中水利用经营活动。单位和个人建设的雨水及中水利用设施实行“谁投资、谁受益”的原则。

第五条　中水及雨水设施的管道、水箱等设备严禁与其他供水设施直接连接。

中水及雨水设施外表应全部涂成浅绿色，并在出水口标有“非饮用水”字样。

第二章 雨水、中水利用规划

第六条 市水行政主管部门会同市建设行政主管部门、环境保护行政主管部门等编制城市中水及雨水设施建设规划，报市人民政府批准后组织实施。

第七条 在本市行政区域内，新建、改建、扩建的下列工程均应配套建设中水及雨水利用工程。

（一）建筑面积超过2万平方米的宾（旅）馆、饭店、商场、公寓，综合性服务楼及高层商品住宅等建筑；

（二）建筑面积超过3万平方米的机关、科研单位、企业、大专院校和大型综合性文化、体育建筑；

（三）规划人口1万人以上的住宅小区、集中建筑区；

（四）优质杂排水日排放量超过250立方米的独立工业企业及成片开发的工业小区；

（五）广场、停车场、道路、桥梁和其他构筑物等基础性建设工程。

城市规划区内属于上述规定范围内的建设工程，产权单位应按规定配套建设中水及雨水设施。

第八条 已建成的工程项目符合第七条规定要求的，由市建设行政主管部门会同市水行政主管部门在调查核实的基础上，制定雨水及中水利用建设规划，提出分类实施要求，限期建设改造，具体由产权单位或物业管理单位组织实施。

第九条 中水及雨水设施由建设单位在报批主体工程设计方案时一并报批，与主体工程同时设计、同时施工、同时交付使用，其建设费用纳入建设项目投资预算内。

第十条 中水及雨水设施的建设施工单位应具有相应的资格等级证书。经审定的中水及雨水设施建设方案，建设、施工单位必须严格执行。建设中确需改变原设计方案的，须经原设计方案审批部门批准。

第三章 雨水、中水利用管理制度

第十一条 市水行政主管部门对中水及雨水设施的建设方案进行审查和监督实施，确保中水及雨水设施与主体工程同时设计、同时施工、同时投入使用。中水设施竣工后，由建设单位报请市建设行政主管部门、水行政主管部门组织验收。其中涉及政府直管公房的，还应会同房地产管理部门进行工程验收。验收不合格的，市水行政主管部门不予核定用水计划指标，供水部门不予供水。

第十二条　中水及雨水设施交付使用后，由主体工程的管理单位负责日常管理和维修。主体工程的管理单位应制定各项维护、检测、水质化验等管理制度和工作规程，保证中水及雨水设施的正常运行和水质符合规定的标准。

第十三条　中水及雨水设施的管理人员，必须经过专门培训，由城市供水主管部门考核，颁发合格证后方可从事管理工作。

第十四条　中水应有偿使用，由中水设施的产权单位负责计量和收费。征收的中水水费主要用于中水设施的管理和维修。中水水费的标准，由市政府价格主管部门另行制定。

第十五条　建设单位在建设项目区域内开发利用雨水不计入本单位用水指标，且可自由出售。

第十六条　中水及雨水设施不得擅自停止使用。要按规定对水质进行日常化验，定期送具有检测资质的单位检测（每年不少于一次），确保水质达到国家规定的相应水质标准。

第四章　奖励与处罚措施

第十七条　在雨水及中水建设利用和管理工作中成绩显著的，由市人民政府或者市水行政主管部门给予表彰和奖励。

第十八条　鼓励开发利用雨水。在城市规划区、镇区内修建专用雨水积蓄利用设施的，可享受国家有关的优惠政策。

第十九条　市水行政主管部门应加强对投入使用的中水设施的监督检查，发现停用或用水水质达不到规定标准的，应当责令其限期改正；逾期仍达不到规定标准的，除依照城市供水、节约用水的有关规定给予处罚外，还应核减与中水水量相当的用水指标，直至符合要求。

建设单位或产权管理部门不得将受处罚的费用转嫁给用户，违者将从重处罚。

第二十条　违反本规定，有下列行为之一的，责令限期改正，并由市水行政主管部门依据节约用水有关规定给予处罚。

（一）建设单位未配套建设中水及雨水设施的；

（二）未按照中水及雨水设施建设规划要求建设的；

（三）设计方案未按规定程序进行的；

（四）中水及雨水设施建成后，未经验收或验收不合格擅自投入使用的；

（五）中水水质不符合国家标准的；

（六）中水及雨水设施与其他供水设施连接的。

第二十一条　市建设行政主管部门、水行政主管部门及其工作人员应严格依法办事，不得滥用职权，徇私舞弊，违者由所在单位或其上级主管部门给予行政处分。

第五章　附则

第二十二条　本规定由市水行政主管部门负责解释。

第二十三条　本规定自发布之日起施行。

第七章　雨水综合利用示范工程

在总结国内外雨水开发利用先进经验的基础上，本章从宏观和微观的角度对雨水资源的开发利用进行了深入研究，并给出了雨水开发利用的宏观战略模式和微观技术模式。宏观战略模式分别是：①全民普及科学利用雨水战略模式；②商品化高科技雨水利用战略模式；③全方位雨水开发利用应急储备战略模式；④雨水利用战略调控模式；⑤利用雨水应对水危机的节水战略模式。这 5 种宏观战略模式集中体现了西方发达国家雨水资源开发利用的战略性特点。微观技术模式为：①绿地雨水灌溉技术模式；②生活杂用雨水利用技术模式；③湿地保养和景观雨水利用技术模式；④城市消防雨水利用技术模式；⑤补源回灌雨水利用技术模式。这 5 种技术模式体现在工程建设和应用上的共同特点是：科学、简便、灵活、易行、低成本、高效益、容易推广。

为了进一步推广应用雨水利用技术，使雨水资源开发利用建设在更多的城市和地区得到发展，本项目组分别与铁塔厂和济源职业技术学院合作进行了雨水利用工程建设。采用绿地雨水灌溉技术模式、生活杂用雨水利用技术模式、湿地保养和景观雨水利用技术模式在铁塔厂实施了雨水综合利用工程建设；采用绿地雨水灌溉技术模式、景观雨水利用技术模式在济源职业技术学院进行了雨水利用改造工程。这两个工程实例可作为示范项目供作参考。

7.1　铁塔厂雨水利用工程

铁塔厂是建厂多年的老厂，在旧厂改造时规划实施了厂区雨水开发利用工程。其建设特点：一是收集厂区雨水储存至大型储水池中，防止厂区洪灾；二是将储水池中的雨水用于喷洒厂区地面、灌溉绿地、稀释酸性废液、形成厂区喷泉景观。这是雨水综合利用的一个典型工程。

7.1.1　铁塔厂现状及工程概况

厂区位于郑州市南郊 8.5km 十八里河处，西临郑平公路。厂区是建在郑州市的西南部远郊区一个濒临农村的低洼地带，工厂的三面已经被工业废物包围，仅剩的一面也高出高速公路路面 1m 多。雨后防洪排水很成问题，经常是小雨小灾，大雨大灾，无雨也灾，在过去很长的时期内饱受降雨洪灾之苦。一到降雨来临，工厂就开足马力用10吨以上的两台水泵向厂外排水，却从没想到把雨水作为水资源利用起来。工厂投入了大量人力、物力和财力抗洪抢险，每年损失都在几万元以上。为了扩大工厂的生产规模，计划新建工程包括办公楼、机械加工车间和镀锌车间，并同时征地26.75亩。

该地区地下含水层的透水性良好，储水能力强，多为松细沙、粉细沙和夹有粗沙层的松散土层。但由于长期开发利用地下水资源，浅层地下水水位埋深已经超过了50m，基本上处于疏干状态。

厂区的地势、建筑物布局和新建工程情况如下：区内靠近公路及西北部宿舍区地势较高，其余大部分地方均低于公路1.8m左右，并在厂区内形成自西北向东南方向的缓坡。铁塔厂分为生活区和生产区两部分，生活区位于厂区西北部，在原有职工宿舍楼前方新建综合办公楼及餐厅、浴池等；生产区靠近东南部，设有镀锌车间、机械加工车间、钢结构车间、半成品仓库，以及配电房、锅炉房、水泵房、水塔、地磅房、混凝土面堆料厂等生产辅助设施。厂区已建建筑面积3827.94m^2，道路及堆料场面积10158.5m^2。绿化面积13866.67m^2，绿地率32%。因所处位置偏离市区，厂区缺少统一的给排水管网。

新建工程包括办公楼、机械加工车间和镀锌车间，总占地面积为6561.82m^2。办公楼总建筑面积为3053.15m^2；机械加工车间为单层轻型钢结构，总建筑面积为4158.00m^2；新扩建镀锌车间的建筑面积为897.01m^2，半成品仓库面积为720.00m^2。

7.1.2 当地水文气象特征

1）温度：月均气温最冷-12℃，最热26.8℃；最高气温40.1℃，极端最低气温-18.9℃；最大日温差26.6℃，最大年温差28.0℃。

2）降水量：年平均降水量640.9mm，1h最大降水量41.7mm，地区时最大降雨量1807.0m^3/h，地区时最大抽水量400.00m^3/h。

3）平均湿度：最冷月平均湿度为65%，最热月平均湿度为77%，日平均湿度为61%。

4）日照：平均日照率为55%，年日照小时2451.2h，冬季日照率为56.7%，夏季日照率为56.0%。

5）最大冻结土深度270mm。

7.1.3 厂区雨水资源量计算

要研究铁塔厂厂区的雨水利用问题，首先需要明确厂区雨水资源总量以及可利用的雨水资源量，这是研究铁塔厂雨水利用工程的重要资料和依据。

1. 铁塔厂厂区雨水资源总量分析计算

本研究所讨论的雨水资源量均指降雨产生的径流量。铁塔厂位于郑州市南郊，降雨资料取郑州市的降雨数据。厂区年平均降雨量为 640.9mm（取郑州市年平均降雨量），降雨汇水面积主要是建筑物屋面、道路及绿地的面积总和。厂区雨水资源总量即指由这 3 种主要汇水面积一年内产生的径流量的总和。铁塔厂厂区建筑物、道路及堆料场、绿地的占地情况见表 7-1。

表 7-1 铁塔厂土地占用情况一览表

名称	占地面积/m^2	径流系数
建筑物	10317.59	0.9
道路及堆料场	10158.50	0.9
绿地	13866.67	0.15

2. 铁塔厂厂区可利用雨水资源量分析计算

因考虑雨水利用时受多种因素制约，如气候条件、降雨季节分配情况、地质地貌、建筑物的布局和结构等，可利用雨水资源量必定小于雨水资源总量。而在诸多因素中，大多是客观的自然条件，但也有一些因素是可控制的。在此，只对客观因素进行分析计算可利用雨水资源量，而对于不确定的因素则根据具体利用目的加以分析处理。

铁塔厂厂区年平均降雨量为 640.9mm（即郑州市年平均降雨量），根据河南省气象局等相关部门提供的多年降水资料可以看出：郑州市降雨量年内分配极不均匀，多年平均 7 月份降雨量占全年降雨量的 23%，6～9 月份降雨量合计占全年降雨量的 64%，说明全年降雨量主要集中在 6～9 月份。而其他月份雨量很小且降雨强度一般也比较小，有的降雨过程甚至不能产生径流，也就无法利用，所以雨水利用主要考虑 6～9 月份的降雨量。因此，在计算可利用雨水资源量时，应该将雨水资源总量乘以季节折减系数 0.64。这样所求得的铁塔厂厂区可利用雨水资源总量为 8412.08m^3，其中建筑物屋面可利用雨水资源量为 3808.83m^3，道路及堆料场可利用雨水资源量为 3750.09m^3，绿地的可利用雨水资源量为 853.16m^3。

从以上分析计算的数据可以看出：建筑物屋面径流量在整个厂区的雨水径流量中所占的比例最大，道路及堆料场次之；且屋面径流的水质相对比较稳定，污染程度较轻，易收集、处理，费用相对较低，可将屋面雨水径流经过处理之后储存起来加以利用，用于中和车间排出的废酸液、喷洒路面、绿化、洗车、水景景观等。对于路面径流，可采用透水材料铺设路面，增强雨水的渗透能力，既补充地下水，又能缓解厂区洪灾。

7.1.4 厂区雨水利用工程设计和施工

铁塔厂的旧厂改造为厂区雨水开发利用建设创造了机会。铁塔厂的雨水利用工程主要采用了绿地灌溉、生活杂用、景观雨水综合利用技术模式，既消除洪灾，又开发了新的水源，一举两得。该雨水利用工程的特点：一是收集厂区雨水储存至大型储水池中，防止了厂区洪灾；二是将储水池中的雨水用于喷洒厂区地面、灌溉绿地、稀释酸性废液、形成厂区喷泉景观，是雨水综合利用的一个典型工程。下面具体介绍工程建设情况。

1. 屋顶集雨管道设计

由于铁塔厂的屋顶以平顶为主，只有加工车间屋顶是脊式的，因此集雨管道利用了原有的一些排水管道，在垂直排水管离地面约 1m 高的位置加装简易雨水过滤管。对于加工车间的脊式屋顶，则在屋檐下安装一个水平半圆形集雨管，如图 7-1 所示，并和垂直排水管相接，以便将雨水汇入垂直排水管，同样在垂直集雨管中加装雨水过滤管。此设计供厂区应用时参考。

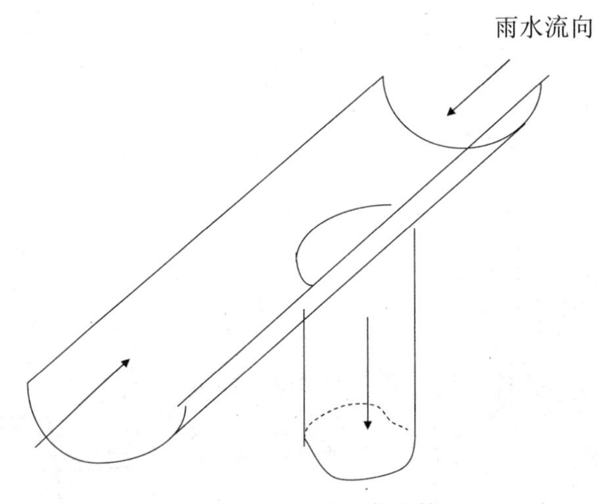

图 7-1 屋顶水平集水管

2. 雨水过滤管设计

雨水过滤管接装在离地面大约 2m 处的垂直雨水管上，目的是为了去除雨水中的杂物，以防堵塞管沟。它由塑料制成，其直径可以和雨水管进行插接或套接，过滤管长度在 60～80cm，中间有一个椭圆开口，开口内壁有圆形突出环，以便在开口中间斜放塑料过滤网。过滤网短轴和雨水管内径相同，长轴是短轴的一倍，短轴同管的内径，其形状和结构如图 7-2 所示。

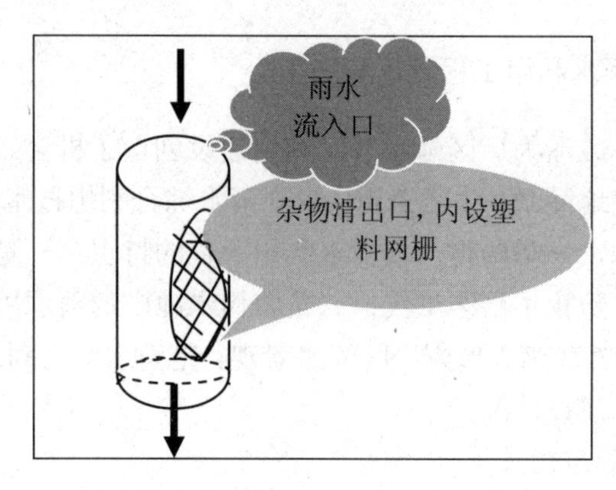

图 7-2　雨水杂物过滤管

3. 地下输水管网设计

建筑物屋面的雨水经屋顶集雨管道被输送到地下输水沟（管），然后进入储水池。铁塔厂地下输水管网总长度 940.5m，深度 1.0～1.5m，沟宽 0.8m，其中有的沟壁和沟底采用了透水材料。集雨管（沟）网及储水池布置如图 7-3 所示。在沟渠的端点设有观测井，设置观测井的目的是为了在降雨期间观测水量和水质，保证系统正常运行。沟底坡度设计为 5‰。经过计算，共布置了 1000m^3 和 500m^3 的两个储水池，如图 7-3 所示。

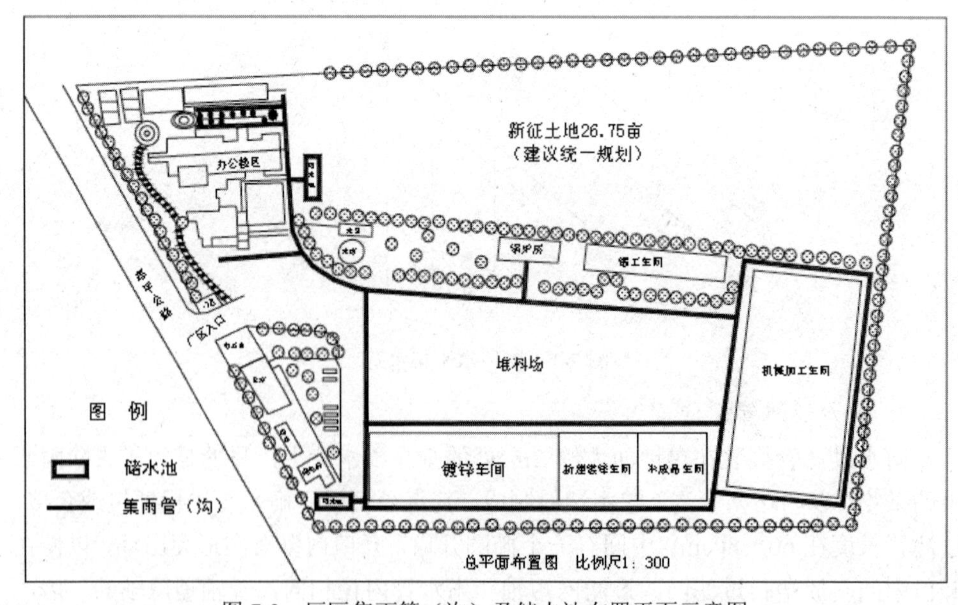

图 7-3　厂区集雨管（沟）及储水池布置平面示意图

4. 地下储水池设计

（1）储水池容积的计算。

地下储水池是整个防洪与雨水利用工程中的主要设施，它将处理过的雨水收集储存起来并为各种雨水回用对象提供水源。

在计算储水池的容积时，可以考虑如下设计原则：

1）水量平衡原则。

当雨水供给量大于需求量时，以需求量作为储水池容积的设计依据；反之，则以雨水供给量为设计依据。就铁塔厂而言，需求量大于供给量，所以为了充分利用雨水资源量，须将建筑屋面的雨水径流全部收集起来，则储水池的设计容积即为厂区建筑屋面的年平均可利用雨水量。

此方法是从年平均降雨量和年平均用水量整体水量平衡的角度进行了计算，没有考虑降雨量的重现期。

2）最大次降雨全部收集原则

据统计资料，郑州市一小时最大降雨量是41.7mm，这样强度的降雨一般持续大约2～3h，那么郑州市最大次降雨量为83.4～125.1mm。所以，在铁塔厂厂区的储水池设计中，可以采用郑州市最大次降雨量作为储水池的设计容积，这样能够保证将一次降雨过程中的屋面雨水全部收集。则厂区储水池的容积应设计为：$V=10317.59\times0.9\times0.25=2321.46\text{m}^3$。此方法能够保证对一定重现期的雨水进行收集，由于厂区实际用水量较大，未考虑6～9月份总的降雨量和平均用水量的平衡。

以上两种方法各有所侧重与不足，为了更加合理地设计储水池容积，一般以两种方法计算结果的最大值作为储水池的设计容积。这样既可以保证对一定重现期雨水的收集，又能实现雨水供给量与需求量的平衡。在设计储水池容积时，还应根据当地气候条件、降雨特点、水量平衡及占地面积等因素进行综合考虑。

铁塔厂的基建改造中，建储水池涉及到占地面积问题，考虑到在新建工程（包括办公楼、机械加工车间和镀锌车间）中用水量较大、用水频繁，依据最大次降雨全部收集原则计算厂区储水池的容积为$V=6561.82\times0.9\times0.25=1476.40\text{m}^3$。

（2）雨水过滤净化及储水池布置。

雨水进入储水池之前，必须进行净化处理。由水质测试结果可知：郑州市城区雨水氨氮、金属含量等指标很低，pH也近于中性；沥青油毡类的屋面径流一般带有一定的黄色，并且COD_{cr}值也相对要比混凝土水泥类的屋面高些；屋面径流的可生化性不高，BOD_5/COD_{cr}的值一般在0.1～0.15；屋面雨水的COD、SS指标不高，其污染程度不严重。因此，收集的雨水若只用于中和车间排出的废酸液、喷洒路面、绿化、洗车等，只需对雨水稍加处理即可。具体雨水处理方案为：雨水→粗砂、砾石→棕榈过滤网，详细结构如图 7-4 所示。经过沉淀过滤的雨水，化验结果表明：浊度完全达到国家标准，细菌总数减少 62.5%～77.3%，大肠菌减少 69.2%～93.9%。

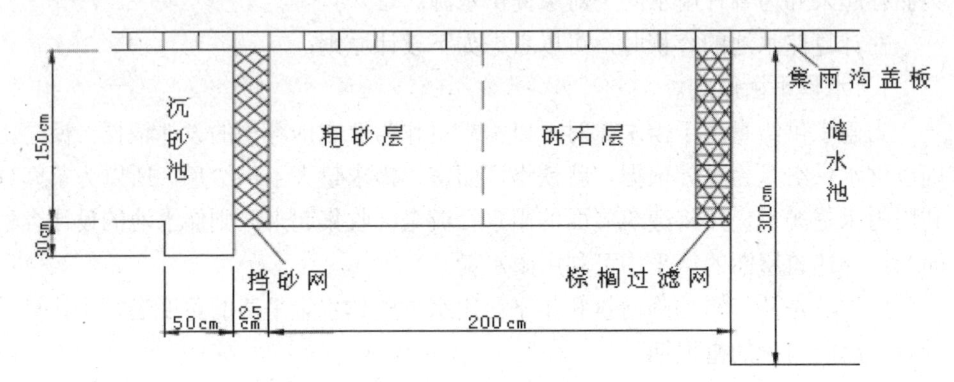

图 7-4 雨水过滤装置断面示意图

雨水经净化过滤之后，直接进入储水池，雨水过滤净化装置与储水池相连，储水池由不透水混凝土衬砌而成。在厂区共设两个储水池，大小分别为 1000m^3 和 500m^3，具体布置位置见图 7-3。储水池的顶盖要求牢固，在有大型车辆通行的地方，进行计算并加大顶盖的承载力，以防场内重型车辆损坏储水池。三分式储水池纵剖面如图 7-5 所示。

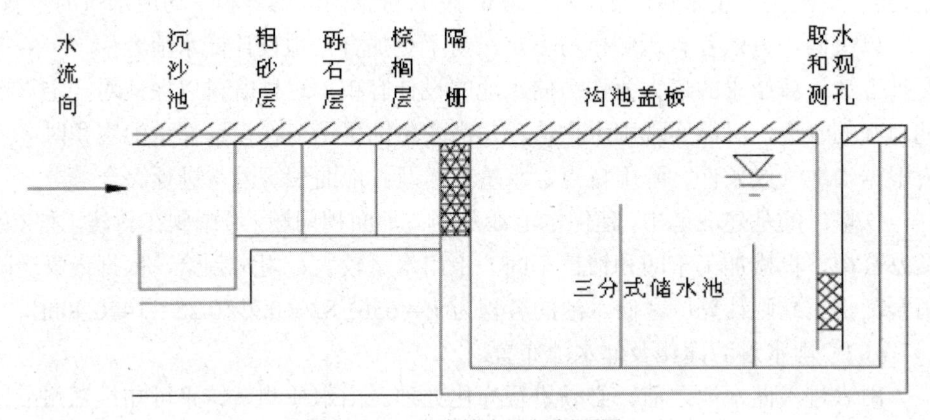

图 7-5 三分式储水池纵剖面图

铁塔厂新建的两个储水池分别为 1000m^3 圆形储水池和 500m^3 矩形储水池，其工程的成本核算和施工过程见后面的内容和附录。图 7-6 给出的是 1000m^3 储水池的现场施工照片。该池储存集蓄的雨水将用于景观用水、喷洒地面和稀释废液。

图 7-6 施工中的圆形储水池

500m^3 矩形储水池集蓄的雨水主要用于绿地灌溉。图 7-7 是矩形储水池即将完工时的情景，加盖以后即可成为封闭式地下雨水储水池。图 7-8 是用于绿地灌溉的灌溉输水管道。图 7-9 是已经完成的雨水灌溉工程场景。

图 7-7 即将完成的 500m^3 矩形储水池

图 7-8 储水池的灌溉输水管道

图 7-9 已经完成的雨水灌溉工程

5. 透水路面设计

铁塔厂厂区改造中，计划部分路面由透水地面砖铺成，拟铺设约 1200m^2 的轻型透水路面和大约 1300m^2 的人行道透水路面，轻型透水路面采用双层结构，如图 7-10 所示。透水地面砖与普通地面砖的差别在于它具有良好的透水性，在降雨期间可以非常容易地将雨水渗透到地下。用于铁塔厂的透水地面砖大部分由普通透水材料制成，其中一部分由强力透水材料制成。透水砖的空隙性和透水性良好。

另外，透水路面有两种不同的结构形式：①直接浇注式混凝土路面。路面结构和施工方法与普通混凝土路面基本相同，只是水泥和骨料的配比不同，造价低于一般水泥路面；②双层结构透水路面。

利用这种新型透水砖铺设路面，会在砖缝之间和砖的底部产生一个便于雨水入渗的水流通道，以半梯形透水砖铺设路面为例，铺设的透水路面剖面图如图 7-10 所示。

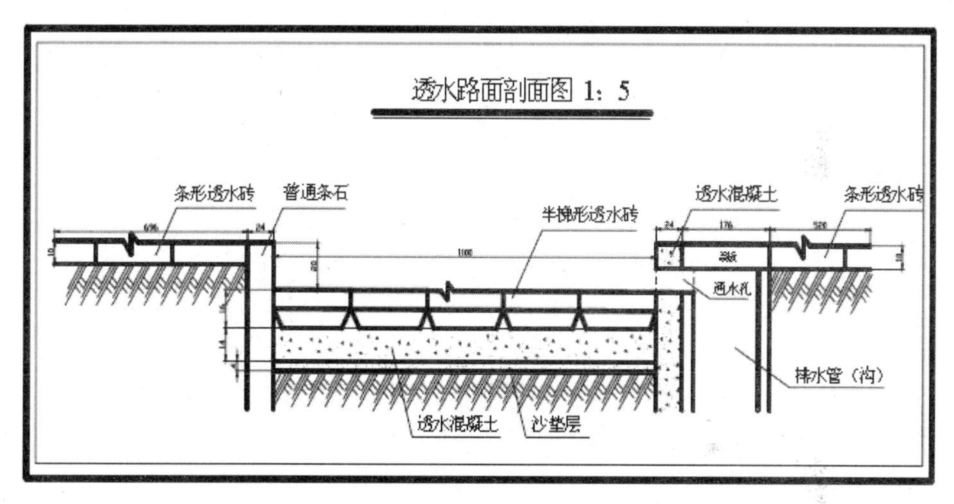

图 7-10　用半梯形透水砖铺设的透水路面剖面图

6. 喷泉景观

为使厂区形成优美的生态环境，利用铁塔厂内的地形特点在生活区布置了喷泉景观，并且将汇集的雨水在雨水景观设施中进行循环，以便更好地利用雨水和保持雨水的洁净。喷泉景观平面布置图及喷泉断面图等见图 7-11 至图 7-14。

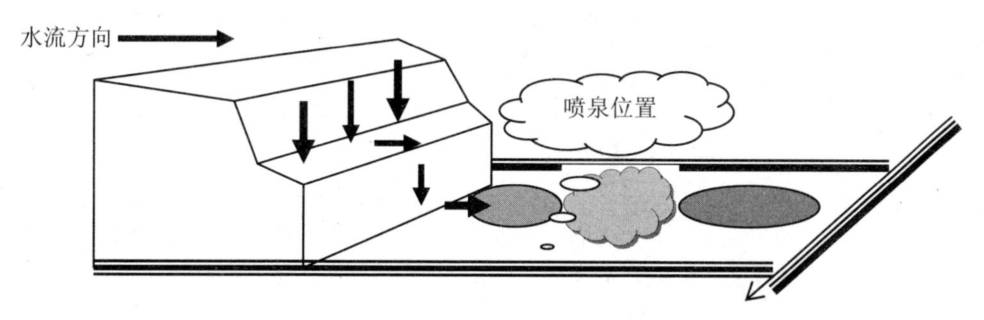

图 7-11　雨水循环利用示意图

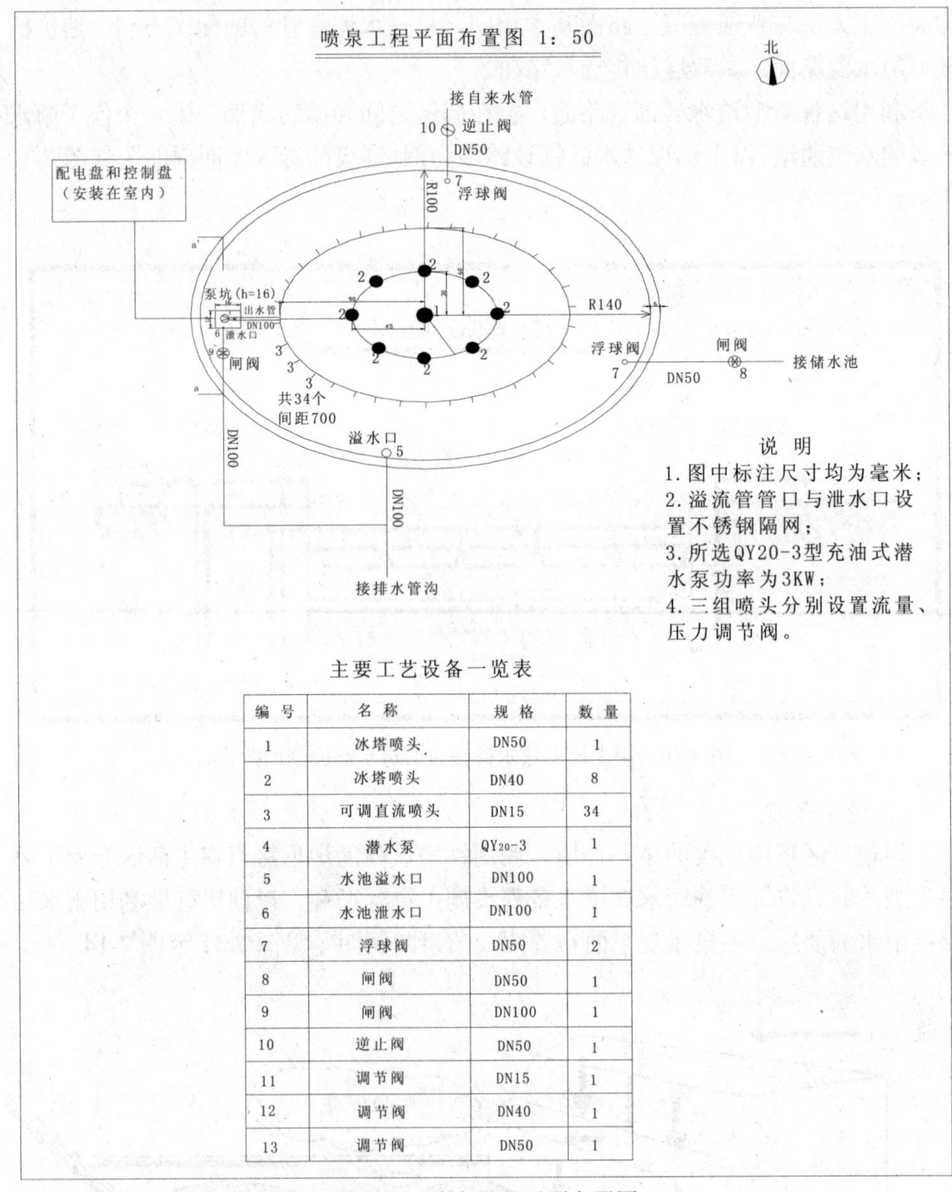

编 号	名 称	规 格	数 量
1	冰塔喷头	DN50	1
2	冰塔喷头	DN40	8
3	可调直流喷头	DN15	34
4	潜水泵	QY20-3	1
5	水池溢水口	DN100	1
6	水池泄水口	DN100	1
7	浮球阀	DN50	2
8	闸阀	DN50	1
9	闸阀	DN100	1
10	逆止阀	DN50	1
11	调节阀	DN15	1
12	调节阀	DN40	1
13	调节阀	DN50	1

图 7-12 喷泉景观平面布置图

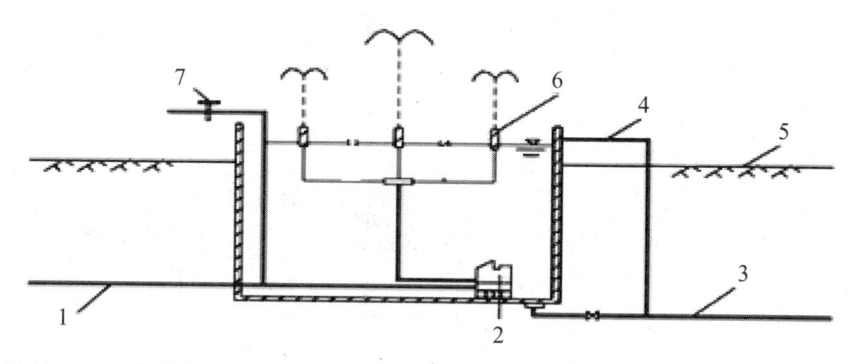

说明：1－雨水进水管　2－水泵　3－喷水池循环排水管　4－喷水池溢出管　5－地面线
6－喷头　7－备用水源控制阀

图 7-13　喷泉断面图

利用收集的雨水做成景观，每年可以节约大量环境用水。通过景观水的循环，还可以使雨水达到曝气消毒的理想效果。图 7-14 为喷泉景观现场。

图 7-14　铁塔厂喷泉景观

7. 绿地灌溉设计

（1）绿地灌溉控制系统。

绿地灌溉采用自动控制方式。给出的电路为全自动草坪浇灌电路，能对气温、土壤湿度、光照强度、风力和水位等条件进行综合分析并作出判断，选择最佳的时间段对草坪进行全自动灌溉。如果池中的水位超过一定的高度，则启动水泵，自动将雨水输入雨水排水管道中。电路工作流程如图 7-15 所示，电路原理如图 7-16 和图 7-17 所示。

工 作 流 程 图

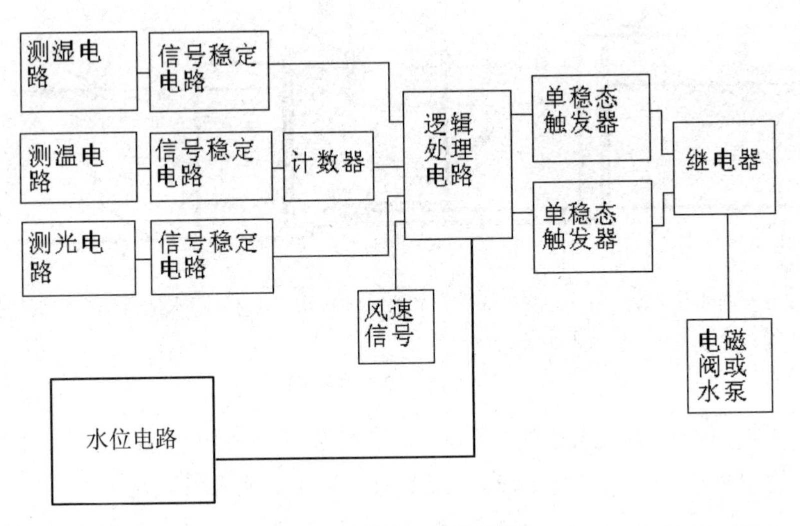

图 7-15 电路工作流程图

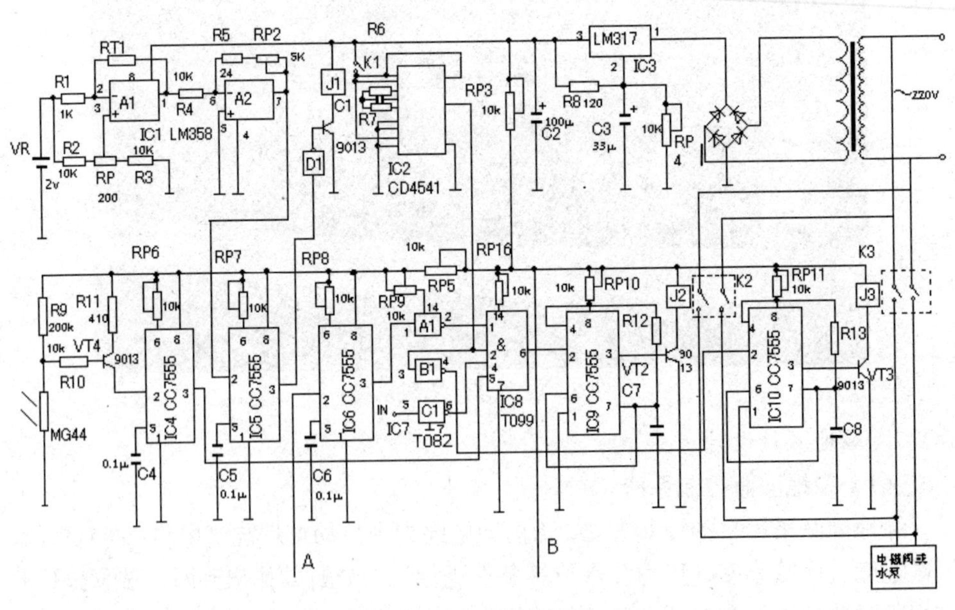

图 7-16 电路工作原理图（a）

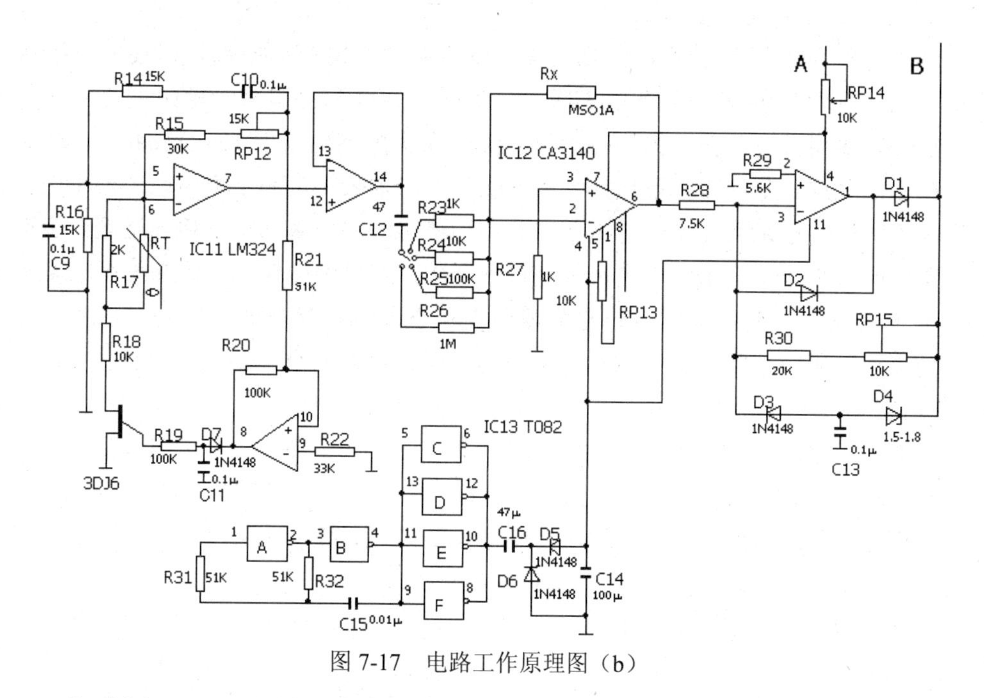

图 7-17　电路工作原理图（b）

电路原理：测温电路采用恒流工作方式，铂热电阻采用标称值为 1kΩ的 TRRA102B 作为温度传感器。因其阻值大，所以受接线电阻的影响小，流经测温电阻的电流规定为 1mA，设基准电压 V_R=2V，运放 A_1 的反相输入端电压为 e_1，则流过测温传感器的电流 $I=(V_R-e_1)/R$。运放正常工作时，反相输入端与同相输入端近似同电位，即 $e_2=e_1$。e_2 是基准电压 V_R 通过 R_2、R_{P1} 和 R_3 的分压电路而获得的电压，假设为 1V，则 I=(2V−1V)/1kΩ=1mA。当温度为 0 时，传感器电压降为 1V，该电压为传感器的偏置电压，是输出电压的一部分，因此传感器输出不为 0，可以在 A_1 的同相输入端加 1V 的 e_2 电压来实现置 0。因为输出电压较小且为负电压，因此将输出送入运放 A_2，改变电压极性并做放大处理，使其输出灵敏度达到所需值。R_5 和 R_{P2} 可调节 A_2 的增益，为避免外界气温变化幅度大对输出信号的影响，将输出信号接入由 IC_5 组成的信号稳定处理电路，当输出的信号达到设定值后，使 IC_5 CC7555 的 3 脚输出低电平，经反相控制三极管 VT_1 导通为由 CD4541 组成的计数器供电，使其开始计数。当温度传感器输出连续有效致计数器进位输出时约有 20～30min，此时确定温度传感器的测量有效、准确。CD4541 的进位输出可控制电路动作，CD4541 的计数进位时间由 R_6、C1 来确定 $t\alpha=2.3R_6\times C_1\times 2^{n1+n2-1}$，CD4541 的进位输出作为温度传感最终输出送至逻辑处理电路进行处理。

电路设备安装：电路的主板及电源固定在防水、防潮的金属箱体中，机箱可起到屏蔽作用，以避免外界电磁波干扰产生错误动作。光强探头直接装在机箱中，以环境光线可良好照射为宜。湿度探头固定在草坪冠层的中部，以便良好准确地测试草坪冠层温度，可将多个探头分散固定并联后再串联一定阻值电阻接入电路，以实现多点测量、提高准确度。湿度探头埋于地表下10～15cm处，即草坪根系的底层。草根吸水是从地下向上吸，此时地表湿度小于地下，当根系底层湿度不够时，根系所在层一定需要水分；当浇水时水向下渗透，地表湿度大于地下湿度时，则根系层水分一定可满足草坪需求，所以湿度探头在此深度可准确地探测土壤湿度。电路根据不同的草坪种类和季节将各参数调试好后，只要连接安装无误、供电正常即可长时间稳定工作，受外界影响小，断电后重启，无需做任务调试。

测光电路：光强探测采用MG44型光敏电阻，当光照强度较大时VT_4截止；当光强较小时MG44呈低阻VT_4导通过IC_4的2脚。一个输入由IC_4的3脚输出信号至逻辑处理电路，由于光敏电阻阻值是随光照连续变化的，因此VT_4的输出也是波动变化的，IC_4起了稳定输出信号的作用。

测湿电路：由$IC_{11}B$和R_{14}、R_{16}、C_9、C_{10}组成了120Hz电桥正张幅振荡器，$IC_{11}C$和D_7起了稳幅作用，$IC_{11}D$起隔离作用。IC_{12}组成电阻电压变换电路，将湿敏电阻阻值信号转换成电压信号。湿敏电阻R_X将湿度信号加压于IC_{12}的反馈端，经放大后由$IC_{11}A$进行线性整流输出，由T082组成的负压发生器经倍压整流后供给IC_{12}，可由RP_{12}来调节振荡电路频率以调节输出信号电压大小，输出信号经IC_6稳定后输出至逻辑处理电路。电路中湿敏电阻采用MS01型。

逻辑处理电路：温度传感电路、湿度传感电路的信号及风力输入信号经IC7的反相处理后，将光强信号、湿度信号、风力与湿度信号反输入IC_8。当条件同时满足时，即温度不是很高、光强也不强、风力在3级以下、土壤较干的条件下，由IC_8的6脚输出信号触发单稳触发器翻转，单稳触发器的$IC_9$3脚输出信号使VT_2导通继电器J_2工作来控制浇水，当单稳触发器恢复后停止浇水。当温度长时间过高时，温度信号的反触发单稳触发器2，使IC_{10}3脚输出VT_3导通继电器J_3工作来控制浇水为草坪降温，浇水时间即为单稳触发器的翻转恢复时间。单稳触发器1控制补水，其时间一般应设置为2～4h，由R_{12}、C_7决定；单稳触发器2控制草坪降温时间一般在3～5min，由R_{13}、C_8决定。

电源：变压器次级的18V电压经整流桥整流后，由调压稳压块LM317降压稳压，后经C2滤波为电路提供15V的稳定电压。R_{P4}可调节LM317的输出电压。R_{P3}、R_{P5}、R_{P6}、R_{P7}、R_{P8}、R_{P9}、R_{P10}、R_{P11}、R_{P14}为电路中各单元电路的分压调节电阻，应从最大值开始调。电路中K_x为湿度量程选择开关，根据不同种类草坪的不同要求选择不同量程。风力信号可由无线电接收器接收发自气象台的信号后从电路图中 IN 处接入。

雨水利用的实际电路安装施工过程非常简单，由于涉及成本和充分利用原有的喷灌系统，这里仅介绍对灌溉时间的控制设计，其他自动化设计过程已省略。

（2）绿地灌溉工程。

该厂绿地大部分已经实施了雨水灌溉技术。图 7-18 是正在进行的管道施工，管道和 500m^3 的储水池相通，灌溉用水来自该储水池。图 7-19 是正在利用雨水进行灌溉。

图 7-18 正在进行的绿地灌溉管道施工

图 7-19 正在利用雨水进行灌溉

8. 利用雨水稀释排放的酸性废液

铁塔厂的主要任务是为输电线路制作铁塔，工艺过程的一个重要环节是对金属加工材料进行酸洗除锈处理，过去为此消耗了大量的自来水，图 7-20 是酸洗废水储存池。在旧厂改造中，通过建立储水池，直接将雨水引入废水池进行稀释，节约了不少自来水，通过化学方法的水处理过程对污水进行改造，明显提高了再生水的质量，图 7-21 是处理后的清水。

图 7-20　除锈酸洗排放废弃液

图 7-21　利用中水、雨水处理后的再生水

7.1.5　雨水利用工程效益分析

雨水综合利用工程不同于其他市政工程，项目投资本身不仅具有直接的经济效益，还具有间接的经济效益和生态环境、社会效益。在此，对雨水利用工程的基建投资作了分析，并且从生态环境及社会效益的角度进行了效益分析。

1. 经济效益

（1）成本核算（投资估算）。

铁塔厂的防洪及雨水利用工程的投资概算主要包括：透水路面、地下储水池、喷水景观、雨水输水管沟、储水池所配备的雨水过滤净化装置、垂直雨落管过滤器。有关投资的概算详见附录。

由此估算出铁塔厂防洪及雨水利用工程的基建投资总额为：38.9 万元。

（2）综合经济效益分析。

雨水利用工程的经济效益主要体现在节水和节约防洪投资方面。

1）节约用水，避免洪灾。

依据前一节的计算数据，厂区的两个地下储水池储存一次降雨的屋面径流量（新建工程建筑屋面）为 1476.3m^3，郑州市一年内类似这样强度的降雨大约会发生 3～4 次，则每年两个储水池储存的雨水资源量为 5905.2m^3。

据统计，铁塔厂最高日用水量 46.3m^3，最高年用水量 16899.5m^3，年平均用水量 1 万 m^3 左右。因此，储水池储存的雨水量约占铁塔厂用水量的 60%。储存的雨水可以用于中和车间排出的废酸液、喷洒路面、绿化、洗车、水景景观等，相当于节约了等量用水。按照郑州市物价局 2008 年 7 月提交市政府的城市用水价格方案，取综合水价 3.18 元/m^3 计算，铁塔厂每年可节约用水费用 18778.54 元。

另据统计，每次铁塔厂遭遇洪灾损失均在 5 千元左右，一年内大约损失 2 万 5 千元。实施雨水利用工程之后，将完全免除这一灾害，挽回损失。

铁塔厂雨水利用工程产生的年经济效益（增收与减灾）大约为 2.4 万元，相当于年产值的 2.0%以上。

2）节省排水设施的建设和运行费用。

由于铁塔厂处于四周封闭的低洼位置，排水管网的排水负荷很重，遇到大中型降雨都会产生程度不同的雨水灾情。原计划采用 18 吨的大功率抽水泵向厂区外排水并改造部分排水管道，其中每台抽水泵市场价格在 1 万元左右，改造排水管道需投资 5 万元。采取雨水利用方案将雨水储存和渗透补充地下水，基本消除了厂区内的雨水积水，同时减轻了厂区和市政排水管网的负荷，节省了原计划购置的设备和排水管道建设投资以及厂区和市政排水管网的维护费用。

从以上分析可以看出，仅在铁塔厂部分区域实施雨水利用工程，产生的综合经济效益已十分可观。如果在整个厂区乃至整个城市推广应用，雨水利用工程的经济效益是非常巨大的。

2. 社会效益

就郑州市而言，随着城市规模的不断扩大和居民生活质量的不断提高，用水量会越来越大。据统计，20 世纪 90 年代末期世界城市每年人均最低用水量是 100m^3，最高用水量是 600m^3，平均用水量是 300m^3，而郑州市目前人均用水量大约为 65m^3，在最低用水线以下。由此可以看出，郑州市用水处在一个非常低的水平上，用水消费潜力很大，未来必须有充足的水源作保证才能真正提高城市居民的生活质量。因此，把雨水作为水资源的一个组成部分加以开发、重复利用，是一个重要的开源性措施，既可以大大缓解城市用水负荷及水资源短缺的严峻形势，也体现了水资源可持续利用的原则。从另一个角度考虑，雨水利用的直接作用是减轻和消除由于季节性降雨带来的城市洪灾。如果政府能够采取科学合理的政策措施，有效地截留利用雨水，在降雨季节就不易形成巨大的城市洪流，也可以避免城市洪灾的发生。因此，雨水利用的社会效益是不可估量的。

3. 环境效益

铁塔厂通过实施雨水利用工程，能够增加厂区的地下水涵养，减缓地面下沉，为厂区的绿化提供有力的保障，改善厂区生活环境。同样，在郑州市推广实施雨水利用工程，也将产生明显的环境效益。

根据目前取得的地质资料，郑州市的地下水水位已经处在一个很低的水平，一系列的环境地质问题正相继产生。这些环境地质问题包括：形成地下水降落漏斗；水体污染；发生地面沉降；引起地层干化并使干化层上移，进而影响生态系统的良性循环。借助于雨水利用工程，不但能够逐渐消除已经产生的地下水降落漏斗，长期保持浅层地下水位的稳定性，而且对于郑州市实施生态城市规划和建立水资源可持续利用的新型城市，将起到决定性作用。实施雨水利用工程还能够保证城市绿化用水，易于设置城市水景观，节水节能，彻底改善居民生活环境。

总之，雨水利用工程的推广实施将产生巨大的经济、社会和环境效益。因此，建设有效的雨水利用工程是消除城市洪灾、把郑州市建设成为节水型生态城市的必由之路和基础。

7.2 济源职业技术学院校园雨水利用工程

济源职业技术学院为了建设文明节水校园、优美环境校园，结合本项目的研究和学校工程实际情况，制定了2009－2010年雨水利用工程改造计划，并开始在校园内分期实施。目标是通过雨水利用的旧工程改造，用最低的成本实施学校雨水利用工程。学校计划实施5项雨水利用工程：①学校东南角景观储水池雨水利用工程；②图书馆楼群集雨改造工程；③教学楼群集雨改造工程；④西校区门口的景观池集雨改造工程；⑤草坪雨水灌溉工程。

这5项工程中，除了第5项之外，其余4项工程均利用了原来的水池和设施，仅加建了雨水传输管道即完成了改造任务，每个景观储水池的花费平均0.74万元。从经济效益和环境效益方面考虑，当年即可收回成本，体现了简单易行、成本低廉、容易操作、效益明显的雨水利用工程技术特点，是比较典型的绿地、景观雨水利用工程。

7.2.1 示范区概况

济源职业技术学院是经国家教育部批准的一所公办普通专科院校，位于中原城市群之一的河南省济源市。学院占地面积 767 亩（约 511336m^2），全日制在校生 12000 余人，教职工 616 人。学院设有机械电子、计算机科学、商务与旅游、冶金化工、现代教育与信息等八大实验实训中心；拥有 1 个国家级实训基地——电工电子及自动化技术实训基地，1 个河南省示范性实训基地——应用化工技术实训中心和 70 余个标准实验实训室；图书馆建筑面积 2 万 m^2。

7.2.2 当地水文气象特征

（1）气温：学院所在的济源市属于暖热带大陆性季风气候，多年平均气温一般在 14～15℃，自 1990 年至今，月平均气温最低-12.2℃，最高 26.5℃，极端最高气温 40.2℃，极端最低气温-18.5℃，最大日温差 26.8℃，最大年温差 27.6℃。

（2）降雨量：学院年平均降雨量 671mm（取济源市年平均降雨量），历年最大 1107mm，最小 389mm，1h 最大降雨量 42.6mm，地区最大降雨量 1807.0m^3/h。

（3）平均湿度：最冷月平均湿度为 65%，最热月平均湿度为 71%，日平均相对湿度为 69%。

（4）日照：年平均日照小时 2044.2 h，年平均日照百分率为 46%。

（5）最大冻结土深度 270mm。

7.2.3 雨水利用工程设计

1. 示范区工程概况

济源职业技术学院为了建设文明节水校园、建设优美环境校园，结合本项目的研究和学校工程实际情况，制定了 2009－2010 年雨水利用工程计划，并开始在校园内实施。目标是进行雨水利用的旧工程改造和雨水利用新建工程。学校现有 4 个景观水池，在过去景观用水全部由自来水管供给。为了保证水池内常年有足够的水，每年向四个水池的注水大约 5000m^3，耗费了大量的自来水资源。为了节约水资源，合理开发利用雨水资源，学院将校园内的 3 个储水池和紧邻学院（原属于学院）的 1 个储水池，计划改造成由雨水作为供水水源的景观水池。其中一个已经完成改造，剩余 3 个的雨水利用改造工程正在进行中。另外，计划在学校草坪附近修建 1 个地下储水池，储存的雨水主要用做草坪灌溉用水。

2. 示范区可利用雨水资源量计算及雨水水质分析

济源市年均可收集雨量受气候条件、降雨量在不同季节的分配、雨水水质情况等自然因素以及特定地区建筑物的布局和结构等其他因素的制约。但对于济源市大多数地区（包括示范区在内），年均可收集利用的雨水量计算公式同前，即：

$$Q = \gamma\alpha\beta A(H \times 10^{-3})$$

通过济源市区降水统计资料可以看出济源市降雨量丰富，年平均降雨量H=671mm，但其年内分布不均匀，主要集中在6～9月份。这几个月降雨量占全年降雨总量的65%左右，所以雨水可收集利用量应考虑季节折减系数，取值$\alpha = 0.65$。另外，因在一次降雨过程中，初期径流污染严重，而后期的径流水质会逐渐稳定下来。所以雨水可收集利用量还应考虑初期弃流量。根据经验，屋面初期弃流量取值为2mm；小区内道路及广场等硬化地面初期弃流量取值为4mm；绿地初期弃流量取值为1.5mm，年平均降雨次数取40次，则初期弃流系数β分别为0.87、0.75、0.91。平均径流系数γ根据示范区不同汇流区域种类：屋面、硬化地面、绿地分别取0.9、0.75、0.15。

3. 示范区雨水水质分析

一般来说，雨水中的杂质与降雨地区的环境及受污染的程度有着密切的关系。雨水中的杂质是由降水中的基本物质和所流经地区混入的外加杂质组成，主要含有氯、硫酸根、硝酸根、钠、铵、钙和镁离子（浓度大多在10mg/L以下）和一些有机物质（主要是挥发性化合物），同时还存在少量的重金属（如铜、镉、铬、镍、铅、锌）。根据我国《生活杂用水水质标准》(CJ 25.1-89)，收集的雨水不经处理或者简单处理后可应用于绿化用水和汽车用水、工业循环冷却水以及景观用水。根据资料显示：济源市雨量比较丰富，多年平均降水量671mm。济源市大气质量较好，学校的屋面雨水径流污染轻微，初期弃流后经过简单处理就可以直接回用。学校的硬化地面面积较大，受污染程度较小，下垫面区域完整，对校园地面雨水也可进行适当收集利用。

4. 雨水利用改造工程设计

学院雨水利用的目标之一是将校园内的4个景观水池全部改造成雨水利用景观池。

（1）学校东南角景观储水池改造工程。

该景观储水池位于学校东侧，水池深3m，容积为1500m^3（见图7-22）。雨水汇集区是正在兴建的两栋11层的实训、试验和教学楼的建筑屋面。该雨水汇集区的面积为 53×50×2＝5300(m^2)，计算该雨水汇集区年平均可收集利用的雨水量为：0.9×0.65×0.87×5300×0.671=1810(m^3)。这些水量完全可以满足水池的景观用水和部分灌溉用水需求（喷灌用雨水每亩每次用水 8m^3，5亩绿地每年灌溉8次，总用水量320m^3）。

图 7-22 景观储水池的雨水进水口施工

该工程施工过程十分简便：将这两栋高层建筑物的屋顶雨水，通过建筑物雨落管进入初期弃流装置，经初期弃流后进入新接的 10m 长的雨水引水管，经引水管通到储水池即可，从图 7-22 可以看出雨水引水管已经延伸到储水池内。图 7-23 是一种初期弃流装置的示意图。在弃流装置内设有浮球阀，随着水位的升高，浮球阀逐渐关闭，当收集到屋面 2mm 降雨量形成的径流后，浮球阀完全关闭。弃流后的雨水将沿旁通管流至雨水收集管道（引水管）进行利用。对于已收集的初期弃流，降雨结束后可以打开放空管上的阀门使其流入小区污水管道。

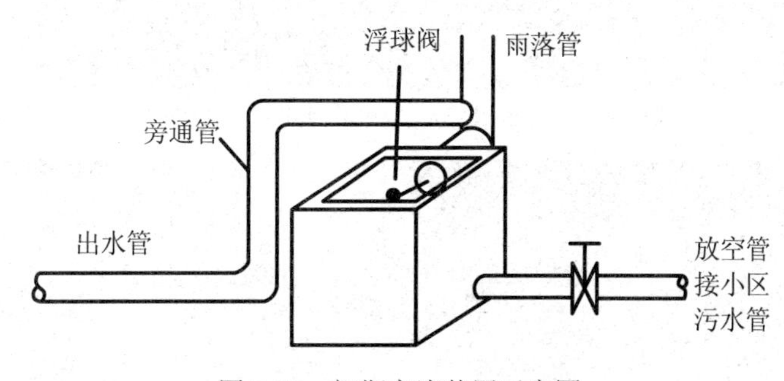

图 7-23 初期弃流装置示意图

另外，用该景观储水池中的水进行绿地灌溉时，需要对雨水进行净化处理后方可使用。因此应设置雨水过滤池。储存的雨水经过滤池处理后进入灌溉井用于校园区的草坪灌溉，如图 7-24、图 7-25 所示。

图 7-26 是绿地灌溉终端的管道施工和安装场景。

图 7-24　灌溉用水过滤池

图 7-25　雨水过滤后的三通分水灌溉井施工

图 7-26　正在埋设喷灌用管道

图 7-27 是改建后的雨水利用景观池，前面图 7-22 中的水池进水口即和本池相接，并且附近两所高层建筑物的汇集雨水即从此进水口流入景观储水池，不再需要向池中输送自来水。

图 7-27　学校东南角雨水景观及灌溉储水池

（2）图书馆、教务楼区等 3 项集雨改造工程。

对于下面 3 个雨水景观池，学校将其列入了 2009 年和 2010 年的年度改造规划，工程已经基本完成。

1）1 号图书馆雨水景观池。该景观池的用水由图书馆、文化走廊、实验楼、冶化楼和机电楼构成的屋面收集的雨水供给，总的屋面汇水面积为 3700m^2，计算该雨水汇集区年平均可收集利用的雨水量为 $0.9\times0.65\times0.87\times3700\times0.671=1263(m^3)$。1 号图书馆景观池容积为 1200$m^3$，将收集的 1263$m^3$ 雨水储存后，完全能够满足景观池用水要求，多余的雨水可由校园雨水排水系统排走。图 7-28 为建筑物屋顶雨落管和储水池相接的景观储水池全貌，管道接通只花费了 7 千多元。

图 7-28　图书馆雨水景观储水池

2）2 号教务楼雨水景观池。教务楼前的景观喷水池容积为 250m^3，在改造之前，水池用水通过自来水供给，每年补充自来水水量约 500m^3。雨水利用改造后，利用储存的雨水有效解决了供水问题。该景观池的雨水供给源自周边 3 栋教学和办公楼的屋顶，每年可集蓄利用的雨水资源量约 1200m^3，能够全部满足景观用水需求，多余的雨水可由校园雨水排水系统排走。图 7-29 为教务楼区储水池及景观喷水设施。

图 7-29 教务楼区储水池及景观喷水设施

3）西校区门口的景观池按照同样方法进行了改建，只要弃流装置、输水管道等设施安装完成即可利用雨水满足景观池用水需求。图 7-30 为西校区门口雨水储水池及喷水设施。

图 7-30 西校区门口雨水储水池及喷水设施

5. 新建储水池设计

该项雨水利用工程的目标是在信息大楼前建造一个 1000m^3 的地下储水池，将储存的雨水用于学校占地 5 亩的草坪灌溉和景观用水。该储水池具体设计如下。

（1）池体设计

该 1000m^3 集雨池采用整体性圆形钢筋砼池，池深 5.0m，水池内径 16.14m，池底板厚 0.22m，池底板垫层厚 100mm。顶板厚 0.15m，池壁厚 0.25m。池顶板采用 9 根支柱支撑，支柱高 5.0m，断面为 300mm×300mm。池底板、顶板、池壁、支柱均采用 C25 砼，池底板垫层采用 C10 砼。集雨池附属物检修孔径 $\phi=1000$mm，高 900mm。爬梯采用铁质镀塑，高 5.0m。进水管和溢水管采用 DN300 钢管，进水口前增加滤网，加设一个沉淀池，池长 2.0m，宽 1.5m，深 1.2m，采用 M7.5 水泥砂浆砖砌池体。出水管和排污管采用 DN150 钢管，可采用一个阀门井，两管均采用 DS341X-0.6 型 DN150 蝶阀控制水流。当池水不够用时利用自来水管道补充水量，采用ϕ150mm、1.0MPa 的 UPVC 管引水。开口处增加阀门井，井深 1.6m，长 1.5m，宽 1.0m，采用 M7.5 水泥砂浆砖砌井，盖板采用 C25 钢筋砼盖板，井内安装 DA341X-1.0DN150 蝶阀，DN150 水表 1 个。

（2）池体结构设计

由于集雨池采用圆形，池体整体受力较好，仅对池壁进行结构计算，池底板、顶板，柱体结构计算不再陈述。根据当地土质，回填土重度取 18kN/m^3，内摩擦角φ=250°，地基承载力为 500kPa。池壁按悬臂式挡土墙进行结构计算。

墙身尺寸：

墙身高 4.0m；墙顶宽 0.22m；面坡倾斜坡度 1:0；背坡倾斜坡度 1:0；墙趾悬挑长 7.5m；墙趾根部高 0.37m；墙趾端部高 0.22m；墙踵悬挑长 0.25m；墙踵根部高 0.37m；墙踵端部高 0.22m；钢筋合力点到外皮距离 50mm。

物理参数：

混凝土墙体容重 25.0kN/m^3；混凝土强度等级 C30；纵筋级别 HRB335；抗剪腹筋等级 HRB400；裂缝计算钢筋直径 20mm；挡土墙类型：一般挡土墙；墙后填土；内摩擦角 25.0°；墙后填土容重 18.0kN/m^3；墙背与墙后填土摩擦角 17.5°；地基土容重 18.0kN/m^3；修正后地基土容许承载力 270.0kPa；墙底摩擦系数 0.500；地基土类型土质地基；地基土内摩擦角 30.0°。

（3）滑动稳定性验算

基底摩擦系数=0.5；滑移力=48.362kN；抗滑力=137.937kN；滑移验算满足：K_c=2.852>1.3。

（4）倾覆稳定性验算。

相对于墙趾点，墙身重力的力臂 Z_w=5.14m；相对于墙趾点，墙踵上土重的力臂 Z_{w1}=7.799m；相对于墙趾点，墙趾上土重的力臂 Z_{w2}=3.672m；相对于墙趾点，E_y 的力臂 Z_x=7.887m；相对于墙趾点，E_x 的力臂 Z_y=1.335m。

验算挡土墙绕墙趾的倾覆稳定性：倾覆力矩=64.570kN·m；抗倾覆力矩=1272.04kN·m。

倾覆验算满足：K_0=19.700>1.5。

（5）地基应力及偏心距验算。

基础为天然地基，验算墙底偏心距及压应力。作用于基础底的总竖向力=275.874kN；总弯矩=1207.469kN·m；基础底面宽度 B=7.97m；偏心距 e=−0.392m；基础底面合力作用点距离基础趾点的距离 Z_n=4.377m；基底压应力：趾部=24.402kPa、踵部=44.826kPa；最大应力与最小应力之比=44.826/24.402=1.837。

作用于基底的合力偏心距验算满足：e=−0.392≤0.250×7.970=1.992m。

地基承载力验算满足：最大压应力=44.826≤270.000kPa。

6. 信息大楼前雨水利用灌溉和景观工程

下面是一组雨水利用灌溉和景观工程的现场图，如图 7-31 至图 7-34 所示。

图 7-31 储水池阀门井雨水和自来水开关转换设施

图 7-32 信息大楼前雨水汇集区（左侧是草坪）

图 7-33 楼前雨水景观系统

图 7-34 雨水和自来水混用灌溉系统

7.2.4 示范区雨水利用工程效益分析

1．成本核算

济源职业技术学院雨水利用改造工程应用了简便而实用的工程改造方法，图书馆景观储水池等改造费用为 0.74 万元左右，见表 7-2、表 7-3、表 7-4。校园区雨水利用改造工程（4 个景观储水池的改造）总投资约 2.8 万元。新建的 1000m^3 圆形钢混结构储水池总造价约为 15.5 万元，其成本核算详见表 7-5。

表 7-2 济源职业技术学院图书馆景观储水池改造工程总概算表

序号	工程或费用名称	建安工程费	设备购置费	独立费用	合计（万元）	投资比（%）
一	第一部分建筑工程	0.05			0.05	
二	第二部分机电设备及安装	0.00	0.00		0.00	
三	第三部分金属结构及安装	0.09	0.60		0.69	
四	第四部分临时工程	0.00			0.00	
五	第一部分独立费用			0.00	0.00	
六	一至五部分投资合计	0.14	0.60	0.00	0.74	
七	预备费					
八	**工程总投资**				**0.74**	

表 7-3 建筑工程概算表

序号	工程或费用名称	单位	数量	单价（元）	合计（元）
	第一部分建筑工程				**488.13**
一	地埋管土方工程				488.13
1	土方开挖	m^3	28．05	9.54	267.60
2	土方回填夯实	m^3	26.96	8.18	220.53

表 7-4 设备及安装工程概算表

序号	名称及规格	单位	数量	单价（元）		合计（元）	
				设备费	安装费	设备费	安装费
三	**第三部分金属结构及安装**					**5962.06**	**894.31**
1	ϕ200UPVC 管 0.63MPa	m	3	101.35	15.20	304.50	45.61
2	ϕ160UPVC 管 0.63MPa	m	80	63.95	9.59	5116.00	767.40
3	管件	%		10%	15%	542.01	81.30

表 7-5 济源职业技术学院新建储水池概算表（信息大楼前）

序号	工程或费用名称	单位	数量	单价（元）	合计（元）
	总计				**155392.18**
一	**1000m^3 圆形储水池**				**145565.43**
1	土方开挖	m^3	803.80	5.50	4420.90

续表

序号	工程或费用名称	单位	数量	单价/元	合计/元
2	土方回填夯实	m^3	188.50	8.18	1541.93
3	C10 砼垫层	m^3	17.70	318.82	5643.11
4	C25 砼底板	m^3	38.90	532.53	22935.42
5	C25 砼顶板	m^3	24.80	411.88	9734.62
6	C25 砼支柱	m^3	15.50	333.98	5504.85
7	C25 砼池壁	m^3	38.37	339.60	12861.86
8	钢筋制作及安装	t	8.20	8824.09	72357.54
9	标准钢模板制作	m^2	340.00	12.50	4250.00
10	标准钢模板安装、拆除	m^2	340.00	33.28	11315.20
二	**阀门井（2 座）**				**4826.75**
1	土方开挖	m^3	52.00	5.50	286.00
2	土方回填夯实	m^3	31.40	8.18	256.85
3	M7.5 浆砌砖	m^3	10.90	290.01	3161.11
4	砌体砂浆抹面	m^2	14.60	10.02	146.29
5	C15 砼基础	m^3	0.60	301.16	180.70
6	C20 砼盖板预制及安装	m^3	0.22	532.18	117.08
7	ϕ700 砼井盖	套	2.00	207.00	414.00
8	钢筋制作及安装	t	0.03	8824.09	264.72

2. 综合经济效益分析

济源职业技术学院实施的雨水利用工程，平均每年收集的雨水资源量大约是 4800m^3，相当于节约了等量用水，按照郑州市物价局 2008 年 7 月提交市政府的城市用水价格方案，取综合水价 3.18 元/m^3 来计算，济源职业技术学院每年可节约的自来水用水费用约为 1.5 万元。

另外，实施雨水利用工程不仅可以减少雨季溢流污水和校园区积水，改善水环境，还可以减轻污水厂负荷，提高城市污水厂的处理效果；降低了校园区和市政排水管网的负荷，节省了校园区和市政排水管网的运行、维护费用。因此，可按每方水的管网运行费用和减少的外排水量计算这部分收益。

从以上分析可以看出，仅在校园一小部分区域实施雨水利用工程，产生的综合经济效益已很可观；如果在整个校园区乃至整个城市推广应用，雨水利用工程的经济效益是非常巨大的。

3. 环境和社会效益分析

利用屋顶雨水作为景观储水池用水和绿地灌溉用水，水质良好，收集回用简便，不仅减少了雨水地表径流和造成的积水洪灾危害，还为校园区的水景景观、绿化提供了有力的保障，改善了校园区生活环境。

节约用水人人有责，在一个缺水严重的地区建立节水工程，是社会的一大进步。济源市是缺水城市之一，开发利用雨水资源是一个重要的开源性措施，既可以大大缓解城市用水负荷及水资源短缺的严峻形势，也体现了水资源可持续利用的原则。因此，雨水利用工程的推广实施是建设节水型生态城市的必由之路和基础。

第八章　结论和建议

随着我国国民经济的快速发展，依靠资源型的消耗来换取国民经济产值的增长已经行不通。仅仅依靠单一的经济模式发展城市，已经无法建立生态型、和谐型的新型城市。通过大量消耗资源、牺牲环境和生态发展城市经济，为城市带来的后果将是灾难性的。城市建设一定要坚持社会的和谐发展，即经济、社会和环境协调发展，坚持水资源的可持续利用原则，真正形成生态型、节水型城市。

实施和推广城市雨水利用工程、建立节水型生态城市，是未来合理开发利用水资源、科学解决城市防洪问题的重要措施之一。为了把城市建设提升到一个新的水平，通过对雨水利用新技术的示范和应用达到国内“广告”的建设目标，现给出以下结论和建议。

8.1　结论

1. 积极推广雨水利用工程技术的必要性

城市化建设对城市地面降雨流态产生的巨大干扰、地面积水甚至洪灾等一系列城市环境问题，已经成为城市化建设中普遍存在的问题。雨水利用新技术的推广应用对强降雨和强地面径流造成的城市地面严重积水、甚至城市洪灾起到了缓解作用，沟通了地表水和地下水之间的原有联系，避免了地下生态的变化所造成的一系列环境问题，保护了地表和地下生物的生存环境，对地下氡气产生有效的拟控作用。雨水利用也是河流防洪的有效措施之一，同时节约了宝贵的水资源。因此，雨水的利用具有举足轻重的深层意义。

2. 方案实施的可行性

雨水利用规划和新技术提倡实事求是、简便易行、科学合理，不会产生大规模的市容改造局面；在成本和效益方面，大大低于扩建城市地下排水系统所用的花费，易于推广，立见成效。

3. 方法的科学性

雨水利用技术是以节水、保护环境和改善城市生态为目标的一项综合性技术，能够优化和实时调节降雨、流量、降雨入渗以及雨水集存量之间的转化模式、转化过程和突出应用特点。降雨的人工控制和转化，既可以免除城市洪灾，又可以恢复被破坏的地质环境，体现了城市建设的系统性原则、水资源可持续发展原则以及人与自然和谐相处的共生原则。

4. 推广应用具有可操作性

从数据计算、透水材料制作，到集雨设施、储存设施、净化装置及用水终端等每个环节都体现了雨水利用技术是一个简便、可行，容易实现的完整硬件系统，在推广中很容易和当地实际结合。

5. 应用前景

由于研究成果经过实践验证具有科学性、适用性和可操作性的特点，成果可为全国城市进一步发展雨水利用提供很好的发展空间，并可在全国相关城市推广应用。

8.2 建议

1. 制定和完善相关法规条例与规程

雨水利用技术是一个新生事物。建议政府或相关部门尽快制定相关规范和要求，例如《雨水利用工作条例》《透水砖材透水指标及质量标准规范》《透水材料道路工程施工规范》、《新建小区必须与雨洪水利用同步实施的建设细则》《雨洪水利用奖罚制度》等，保证城市雨水利用技术的推广实施。

2. 积极研究我国雨水资源开发利用的战略意义

要把雨水资源的开发利用提到战略性高度去认识，充分发挥雨水资源应有的功能和作用。通过研究认识我国雨水资源开发利用的战略意义。

3. 大力开展宣传教育，提高水资源危机和节水意识

目前我国在经济发展过程中，已经开始重视环境保护、环境建设，提出了与城市环境和生态密切相关的政策和战略性措施，提出了建设节水型和生态和谐型城市的战略目标，这都是非常必要的。但是，还应该通过积极的宣传教育，建立循环经济，提高全民的水资源忧患意识、环境意识、节水意识和生态意识。

4. 加强国际交流，吸取国外雨水利用的先进经验

发达国家的雨水利用技术已经发展到一个相当高的水平，通过交流，我国可以吸取它们的经验，进一步促进和提高我国雨水资源开发利用事业的发展。

附　　录

附表 A-1　铁塔厂 500m³ 矩形储水池工程概算表

序号	名称	计量单位	工程量	调整系数	计算工程量	单价（元/单位数量）	人工量（工）	人工增加费定额（元/工）	人工增加费（元）	市场调节费（元/单位数量）	金额（元）
	(1)	(2)	(3)	(4)	(5)	(6)	(7)	(8)	(9)	(10)	(11)
1	顶板钢筋调差	kg	365	1.04	379.6	/	/	/	/	0.7	265.72
2	顶板钢筋混凝土	m^3	10.1	1.015	10.25	736.93	65.84	6.75	444.45	/	7999.09
3	底板钢筋调差	kg	333	1.04	346.32	/	/	/	/	0.7	242.42
4	底板钢筋混凝土	m^3	15.1	1.015	15.33	486.23	47.52	6.75	320.76	/	7774.67
5	池壁钢筋调差	kg	5461	1.04	5679.44	/	/	/	/	0.7	3975.61
6	池壁钢筋混凝土	m^3	24.7	1.015	25.07	990.71	175.49	6.75	1184.56	/	26021.66
7	支柱钢筋调差	kg	85	1.04	88.4	/	/	/	/	0.7	61.88
8	支柱钢筋混凝土	m^3	1.0	1.015	1.015	1251.90	10.25	6.75	69.20	/	1339.88
9	土方量	m^3	520	1	520	11.87	176.8	6.75	1193.4	/	7365.80
总计（元）		55046.73									

附表 A-2　铁塔厂 1000m³ 圆形储水池工程概算表

序号	名称	计量单位	工程量	调整系数	计算工程量	单价（元/单位数量）	人工量（工）	人工增加费定额（元/工）	人工增加费（元）	市场调节费（元/单位数量）	金额（元）
	(1)	(2)	(3)	(4)	(5)	(6)	(7)	(8)	(9)	(10)	(11)
1	顶板钢筋调差	kg	1159	1.04	1205.36	/	/	/	/	0.7	843.75
2	顶板钢筋混凝土	m^3	24.9	1.015	25.27	736.93	149.09	6.75	1006.38	/	29628.60
3	底板钢筋调差	kg	1417	1.04	1473.68	/	/	/	/	0.7	1031.58
4	底板钢筋混凝土	m^3	35.8	1.015	36.34	486.23	112.65	6.75	760.39	/	28429.99
5	池壁钢筋调差	kg	7136	1.04	7421.44	/	/	/	/	0.7	5195.01
6	池壁钢筋混凝土	m^3	48.9	1.015	49.63	990.71	347.41	6.75	2345.02	/	71513.96

续表

序号	名称	计量单位	工程量	调整系数	计算工程量	单价（元/单位数量）	人工量（工）	人工增加费定额（元/工）	人工增加费（元）	市场调节费（元/单位数量）	金额（元）
	(1)	(2)	(3)	(4)	(5)	(6)	(7)	(8)	(9)	(10)	(11)
7	支柱钢筋调差	kg	500	1.04	520	/	/	/	/	0.7	364
8	支柱钢筋混凝土	m^3	6.0	1.015	6.09	1251.90	61.51	6.75	415.2	/	16034.34
9	土方量	m^3	1080	1	1080	11.87	367.2	6.75	2478.6	/	2490.47
总计（元）		155531.70									

附表 A-3　建设工程预（决）算表

工程名称：铁塔厂两个储水池输水管道

序号	定额编号	项目名称	单位	数量	定额直接费（元）		其中人工费（元）		其中材料费（元）		其中机械费（元）	
					单价	合价	单价	合价	单价	合价	单价	合价
1	1-1	人工挖土方	$100m^3$	0.44	536.14	235.90						
2	1-55	原土打夯	$100m^2$	0.24	40.07	9.62						
3	1-54	回填土夯填	$100m^3$	0.02	680.64	13.61						
4	5-67	沟壁混凝土浇注	$10m^3$	1.76	13925.76	24509.34						
5	5-102	地沟盖板制作	$10m^3$	0.49	3678.04	1802.24						
6		垃圾外运	车	2.00	120.00	240.00						
					合计	26810.71						

附表 B-1　建设工程预（决）算表

工程名称：铁塔厂透水路面改造

序号	定额编号	项目名称	单位	数量	定额直接费（元）		其中人工费（元）		其中材料费（元）		其中机械费（元）	
					单价	合价	单价	合价	单价	合价	单价	合价
1	13-1	人工挖路槽	$10m^3$	23.08	71.66	1653.91						
2	13-2	人工培路肩	$10m^3$	6.72	95.42	641.22						
3	13-3	压路机碾压路槽	$1000m^2$	1.36	292.82	398.24						
4	13-7	回填土夯填	$10m^3$	4.21	77.92	328.04						

续表

序号	定额编号	项目名称	单位	数量	定额直接费（元）		其中人工费（元）		其中材料费（元）		其中机械费（元）	
					单价	合价	单价	合价	单价	合价	单价	合价
5	13-8	沙垫层	$10m^3$	2.44	976.34	2384.22						
6	13-23	透水混凝土面	$10m^3$	8.55	2122.82	18143.74						
7	13-35	透水砖	$100m^2$	25.71	849.81	21846.92						
8	13-46	条石	10m	44.40	216.97	9633.47						
9		垃圾外运	车	10.00	120.00	1200.00						
					合计	56229.76						

附表 B-2　调整材料价差计算表

工程名称：铁塔厂透水路面改造

序号	材料名称	单位	数量	单价（元）			合价（元）	备注
				定额取定价	实际预（结）算价	差价		
1	透水砖	$1m^2$	2571.00	5.00	30.00	25.00	64275.00	
2								
3								

附表 B-3　建设工程预（决）算表

工程名称：铁塔厂透水路面改造

序号	定额编号	项目名称	单位	数量	定额直接费（元）		其中人工费（元）		其中材料费（元）		其中机械费（元）	
					单价	合价	单价	合价	单价	合价	单价	合价
1		定额基价				56229.76						
2		施工措施费				521.25						
3		专项费用				2678.65						
4		材差				64275.00						
5		工程成本				123704.66						
6		利润				6185.23						
7		税前造价				129889.89						
8		税金				4433.14						
9		工程总价				134323.03						

附表 C-1 安装工程预（结）算表

工程名称：铁塔厂喷水景观

序号	定额编号	项目名称	单位	数量	定额直接费（元）		安装工程未计价材价值				
					单价	合价	材料品种	单位	定额用量	单价（元）	合价（元）
1	8-6	进水管安装	10m	1.25	45.71	57.14	镀锌钢管（DN50mm 2"）	m	12.50	22.99	287.38
	8-20	出水管安装	10m	1.00	93.84	93.84	焊接钢管（DN100mm 4"）	m	10.00	41.23	412.30
	8-6	配水管安装	10m	0.03	45.71	1.37	镀锌钢管（DN50mm 2"）	m	0.30	22.99	6.90
	8-1	配水管安装	10m	2.40	29.45	70.68	镀锌钢管（DN15mm 1/2"）	m	24.00	6.52	156.48
	8-5	配水管安装	10m	1.20	37.69	45.23	镀锌钢管（DN40mm 1 1/2"）	m	12.00	18.49	221.88
2		弯头安装	个	4.00			镀锌弯头（DN50mm）	个	4.00	4.00	16.00
		弯头安装	个	3.00			铸铁 90 度弯头（DN100mm）	个	3.00	1.10	3.30
		弯头安装	个	2.00			镀锌弯头（DN40mm）	个	2.00	2.50	5.00
		弯头安装	个	4.00			镀锌弯头（DN15mm）	个	4.00	0.60	2.40
3		三通安装	个	34.00			镀锌三通（DN15mm）	个	34.00	0.68	23.12
		三通安装	个	8.00			镀锌三通（DN40mm）	个	8.00	3.50	28.00
		三通安装	个	1.00			镀锌三通（DN50mm）	个	1.00	4.80	4.80
4	2-438	总电力配电箱安装	台	1.00	125.29	125.29	配电箱	台	1.00	980.00	980.00
5	2-1093	电线保护管安装	100m	0.40	544.92	217.97	PVC 刚性管（DN50mm）	100 m	0.40	6.90	2.76
6	2-1201	管内穿线	100m 单线	0.40	52.94	21.18	铜芯绝缘线（BX--500V 1*10mm^2）	100 m	0.40	310.68	124.27

续表

序号	定额编号	项目名称	单位	数量	定额直接费（元）		安装工程未计价材价值				
					单价	合价	材料品种	单位	定额用量	单价（元）	合价（元）
7	8-308	浮球阀安装	个	2.00	16.38	32.76	内螺纹球阀（Q11W--10T DN50mm）	个	2.00	46.00	92.00
8	8-261	闸阀安装	个	3.00	145.77	437.31	法兰闸阀（Z45T--10 DN100mm）	个	3.00	198.00	594.00
9	8-255	逆止阀安装	个	1.00	71.86	71.86	法兰旋启式止回阀（H44H--10C DN50mm）	个	1.00	290.00	290.00
10	8-244	调节阀安装	个	1.00	12.22	12.22	Y40H--16C DN32mm	个	1.00	430.00	430.00
	8-245	调节阀安装	个	1.00	18.66	18.66	Y40H--16C DN40mm	个	1.00	490.00	490.00
	8-246	调节阀安装	个	1.00	20.43	20.43	Y40H--16C DN50mm	个	1.00	575.00	575.00
11		可调直流喷头安装	个	34.00			DN15mm	个	34.00	30.00	1020.00
		冰塔式喷头安装	个	8.00			DN40mm	个	8.00	160.00	1280.00
		冰塔式喷头安装	个	1.00			DN50mm	个	1.00	170.00	170.00
12	1-891	水泵安装	台	1.00	536.23	536.23	潜水泵（3kW）	台	1.00	2000.00	2000.00
13		配水箱安装	台	1.00			配水箱	台	1.00	400.00	400.00
14		不锈钢隔网	个	2.00			不锈钢丝网	m^2	0.05	220.50	11.29
15		不锈钢盖板	个	1.00			钢板网	m^2	1.20	8.16	9.79
				合计	2302.00					合计	8550.00
总计				10852.00							

附表 D-1　铁塔厂防洪及雨水利用工程总造价

序号	分项工程名称	造价（元）
1	透水路面改造	134323.03
2	两个储水池	134323.03
	两个储水池输水管道	26810.71
	两个储水池所配备的雨水过滤净化装置	1000.00

续表

序号	分项工程名称	造价（元）
3	喷水景观	10852.00
4	十个垂直雨落管过滤器	300.00
5	工程项目管理费	5000.00
	合计：	388864.17

参考文献

[1] 李喜林，刘玲，李强，等．北方建筑小区雨水资源化利用分析与实验[J]．辽宁工程技术大学学报(自然科学版)，2013，32(9)：1242-1245．

[2] 王国荣，李正兆，张文中．海绵城市理论及其在城市规划中的实践构想[J]．山西建筑，2014，40(36)：5-6，7．

[3] 张相忠．城市雨水利用规划研究[J]．规划师，2006，22(z2)：31-34．

[4] 晏中华．国外雨水利用的方法[J]．节能，2000(6)：46-48．

[5] 王琳．城市水资源短缺与雨水收集利用[J]．给水排水，2001，27(2)：1-3．

[6] 张志华．城市化对水文特性的影响[J]．城市造桥与防洪，2000，6(2)：28-30．

[7] 汪慧贞．北京城区雨水径流的污染及控制[J]．城市环境与城市生态，2002，15(2)：16-18．

[8] 丁跃元．德国的雨水利用技术[J]．北京水利，2002(6)：38-40．

[9] 任杨俊，李建劳，赵俊侠．国内外雨水资源利用研究综述[J]．水土保持学报，2000，14(1)：88-92．

[10] 李青．北方地区解决缺水问题的根本途径[J]．科技情报开发与经济，2003，13(4)：50-51．

[11] 许志荣．河南地下水资源与可持续发展研究[M]．郑州：黄河水利出版社，2004：121-124．

[12] 孙晓英．城市雨水资源化问题研究[J]．西安理工大学学报，2001(2)：203-207．

[13] 张晶，许士国．沿海城市雨水资源利用探讨[J]．水利水电技术，2003(11)：34-36．

[14] 陈玉恒．城市雨洪利用的构想[J]．水利发展研究，2002，2(4)：12-15．

[15] 董新华．澳大利亚的雨水净化设备[J]．中国环保产业，2003(7)：40-41．

[16] 李俊奇，车武．德国城市雨水利用技术考察分析[J]．城市环境与城市生态，2002，15(1)：47-49．

[17] 张书函，丁跃元，陈建刚．德国的雨水收集利用与调控技术[J]．北京水利，2002(3)：39-41．

[18] 房纯纲，贾永梅，柯志泉，等．电磁法在城市雨洪利用地下灌排系统探测中的应用[J]．水电自动化与大坝监测，2002，26(6)：34-37．

[19] 牟海省．国内外雨水利用的历史、现状与趋势[C]．中国雨水利用研究文集．北京：中国矿业大学出版社，1998．

[20] 侯立柱，丁跃元，张书函，等．北京市中德合作城市雨洪利用理念及实践[J]．北京水利，2004(4)：55-57．

[21] 李勇．雨水集蓄利用的环境效应及研究展望[J]．水土保持研究，2002，9(4)：18-21．

[22] Chen Zhongquan. A Model for System Making Use of Rain in Arid Area, the Symp. Of the 7th International Rainwater Catchment System Conference.

[23] G. K. Bambrah. Urban Rainwater Harvesting Problem and Constraints, the Symp. Of the 7th International Rainwater Catchment System Conference, P7. 61-7. 67.

[24] 李宝山．对城市防洪工程功能的认识和思考[J]．吉林水利，2001(10)：22-24.

[25] 齐援．为子孙留口水喝．大河报，2003．03．28 第 A03 版.

[26] 孙绪金．工程与水文环境地质学[M]．北京：科学出版社，2000.

[27] Dipl. Geokologe, Thilo Herrmann. German Experiences in Rainwater Recycling.

[28] 陈洋，张定青，黄明华．集雨节水建筑技术[J]．西安交通大学学报，2002(5)：55-58.

[29] 曾鸿鹄．某小区雨水回用工程设计[C]．华南青年地学学术研讨会论文集．广州：广东人民出版社，2003.

[30] 车武，刘燕，李俊奇．国内外城市雨水水质及污染控制[J]．给水排水，2003，29(10)：38-41.

[31] 欧岚．北京市建筑屋面雨水水质及土壤净化研究[D]．北京：北京建筑工程学院，2001.

[32] 李勇，王超．集蓄雨水污染成因研究[J]．环境与健康杂志，2003，20(4)：252-254.

[33] 车武，欧岚，刘红，等．屋面雨水土壤层渗透净化研究[J]．给水排水，2001，27(9)：38-41.

[34] 黄美元，沈志来，刘帅仁，等．中国西南典型地区酸雨形成过程研究[J]．大气科学，1995，19(3)：356-366.

[35] 丁圣彦，杨好伟．集水农业生态工程[M]．开封：河南大学出版社，2001.

[36] 何久安．干旱地区雨水利用及发展方向[J]．干旱地区农业研究，1998，16(3)：84-88.

[37] 车武，辽慧贞，任超，等．北京城区屋面雨水污染及利用研究[J]．中国给水排水，2001，17(6)：57-61.

[38] 张小玲，梁慧光．雨水集流饮用水的污染及水质改良途径[J]．甘肃农业大学学报，1998，33(4)：350-355.

[39] 赵剑强．城市地表径流污染与控制[M]．北京：中国环境科学出版社，2002.

[40] 车武，欧岚，辽慧贞，等．北京城区雨水径流水质及其主要影响因素[J]．环境污染治理技术与设备，2002，3(1)：33-37.

[41] 李俊奇，车武，施曼，等．城市雨水利用与节约用水[J]．城镇供水，2001(2)：40-41.

[42] Jure Margeta. Simple Model for Rain Harvesting Systems Designing, the Symp. Of the 7th International Rainwater Catchment System Conference.

[43] 张黎，刘立志．北京加快建设雨水利用工程．中国环境报，2009-03-26，第 5 版.

[44] Wang Wenyuan. Experiment Study of Stormwater Drainage Pipes of Infiltration Type, the Symp. Of the 7th International Rainwater Catchment System Conference.

[45] 吴普特，黄占斌，付国岩．人工汇集雨水利用技术研究主要进展[J]．中国水利，2001(3)：

27-28.
[46] 邓风，陈卫．南京住宅小区雨水回用方案技术经济分析[J]．城市环境与城市生态，2003，16(6)：104-106.
[47] 陈建刚，丁跃元，张书函，等. 北京城区雨洪利用工程措施[J]. 北京水利，2003(6)：23-25.
[48] 韩文龙，张志敏. 海淀北部地区雨洪利用综合技术体系初探[J]. 北京水利，2002(4)：44-45.
[49] S C Chu，W L Huang，K F Andrewdo．The feasibility assessment of industrial rainwater catchment systems——A case study in Hsinchu Science Park[C]．Proceeding of International Symposium & 2nd Chinese National Conference on Rainwater Utilization．Xuzhou，Jiangsu Province，China．1998.
[50] 张军锋．城市雨水综合利用研究——沈阳城市雨水利用研究[D]．沈阳：沈阳农业大学学报，2002.
[51] 孙绪金，李永乐，许拯民，等．郑州市城市防洪及集雨节水工程研究报告[R]．郑州：华北水利水电学院，2003.
[52] 孙绪金，李永乐，彭成山，等．环境水土资源学[M]．西安：西安地图出版社，2008.
[53] 朱强，李元红，马成祥．Rainwater harvesting[M]．合肥：安徽教育出版社，2007.
[54] 冯广志，张红兵，朱强．农村集雨工程简明读本[M]．北京：中国水利水电出版社，2001.
[55] 袁建伟，张凌毅．城市雨水处理与利用系统探讨[J]．节水灌溉，2007(5)：49-53.
[56] 刘宏宇．北京市城区雨水渗透的研究[D]．北京：北京建筑工程学院学报，2000.
[57] 汪慧贞，车武，胡家骏．浅议城市雨水渗透[J]．给水排水，2001(2)：47-50.
[58] 王国平，庄敏．城市雨水利用途径及措施的探讨[J]．能源技术与管理，2005(1)：66-67.
[59] 刘小勇，吴普特．雨水资源集蓄利用研究综述[J]．自然资源学报，2000，15(2)：189-193.
[60] 李丽娟．城市雨水利用的潜力与对策[C]．雨水利用与资源研究文集．北京：气象出版社，2001.
[61] 程江，徐启新，杨凯，等．国外城市雨水资源利用管理体系的比较及启示[J]．中国给水排水，2007，23(12)：68-71.
[62] 杨凯．屋面雨水净化与直接利用技术研究[D]．哈尔滨：哈尔滨工业大学学报，2010.
[63] 车伍，李俊奇．城市雨水利用技术与管理[M]．北京：中国建筑工业出版社， 2006.
[64] 董爱香，丛日晨，王月宾．北京集水型公园绿地建设探讨[J]．中国园林，2007(2)：59.
[65] 程海涛．区域雨水集蓄、处理和综合利用[D]．西安：西安建筑科技大学学报，2009.
[66] 孙绪金，潘建波，张修宇，等．灾害救助云技术开发应用研究[M]．西安：西安地图出版社．2014.
[67] 罗慧英，丘玉蓉，王耀堂，等．广州亚运村杂用水专项研究——雨水综合利用[J]．给水排水，2008，34(5)：70-78.

[68] 张书函，陈建刚，丁跃元．城市雨水利用的基本形式与效益分析方法[J]．水利学报，2007(S1)：399-403．

[69] 郑州大学环境与水利学院．郑州市雨水综合利用研究报告[R]．郑州：郑州大学环境与水利学院学报，2006．

[70] 董蕾，车伍，李海燕，等．我国部分城市的雨水利用规划现状及存在问题[J]．中国给水排水，2007，23(22)：1-5．

[71] 鹿新高，庞清江，邓爱丽，等．城市雨水资源化潜力及效益分析与利用模式探讨[J]．水利经济．2010，28(1)：1-4．

[72] 中国建筑设计研究院．GB 50400-2006 建筑与小区雨水利用工程技术规范[S]．北京：中国建筑工业出版社，2006．

[73] 王金娜，王德春．浅议雨水利用技术在城市景观用水中的应用[J]．能源与环境，2007(1)：34-37．

[74] 吕伟娅 张瀛洲，关丹桔．聚福园景观用水的循环处理与雨水利用研究[J]．中国给水排水，2002，28(5)：56-58．

[75] 上海现代建筑设计(集团)有限公司．GB 50015-2003 建筑给水排水设计规范[S]．北京：中国计划出版社，2003．

[76] 李怀正，白月华，邢绍文等．雨水回灌地下的必要性和可行性[J]．中国给水排水，2002，18(4)：29-30．

[77] 陈雄．茂名“名雅花园”小区雨水利用规划设计研究[D]．南宁：广西大学，2007．

[78] 张传雷，汪志荣，孙常磊．城市雨水补给地下水的相关问题研究[J]．沈阳农业大学学报，2004，35(5-6)：531-533．

[79] 亓华．济南市雨水回灌地下水技术研究[J]．太原科技，2008(6)：30-31．

[80] 吴振斌，况其军．人工湿地植物研究[J]．湖泊科学，2002，14(2)：179-183．